YouTube
放送作家

お笑い第7世代の仕掛け術

まえがき

こんにちは、放送作家の白武ときおです。１９９０年生まれ、京都府出身の29歳です。僕は、『ダウンタウンのガキの使いやあらへんで！』や、霜降り明星のYouTubeチャンネル「しもふりチューブ」の作家として、企画を考えたり、台本を書くといったお笑い界の〝裏方〟として仕事をしています。

その他、地上波では『霜降りミキXIT』、YouTubeチャンネルの「ジュニア小籔フット」「みんなのかが屋」。「お笑い第7世代」の芸人さんとの活動が多く、ネットテレビやラジオなどでも様々な番組を担当しています……と言うと、さぞ舞台の裏で暗躍しているようなおもむきですが、全くの凡人でございます。

ただ、面白いチームに潜り込んだり、面白い優秀な仲間を集めて〝何かやろう〟と企画するのが得意です。

僕は昔からテレビとお笑いが大好きでした。だからテレビの仕事を頑張っていきたいと思ったけど、なかなか思うように担当番組が増えない。ということで、若手でも活躍できる場所を探して、巨大番組から若手芸人のYouTubeチャンネルまで、ミツバチのようにぶんぶん飛び回っています。

フリーランス作家として、メディアにこだわらず、楽しそうな場所へフットワーク軽く〝越境〟することで、仕事が増えてきました。この本を出すことになったのも、ある意味〝越境〟です。

特にYouTubeはまだまだ新しい領域です。芸能界やテレビスタッフの多くは、チャンネルの運営方法やマネタイズ面で課題を抱えています。

一方、メディアの王様だったテレビも、新たなプラットフォームが続々と登場しているなかで、60年間続いたビジネスモデルを変えざるを得ない。

さらに2020年、世界中で猛威を振るう新型コロナウイルスは、業界内外に多大な影響をもたらしています。

YouTube作家として、時には動画プロデューサーとして現場で手を動かしている僕は、エンタメ業界の大転換期を目の当たりにしているのです。

今まで以上に〝コンテンツ力〟が試されるこの時代に、どう企画して、どう届けていけばよいのか。

本著では、YouTubeとテレビの現状を分析し、僭越ながら、エンタメ業界で必要とされるスキルや、僕が実践しているライフハックを紹介していきます。

同業者の方、そしてこれからエンタメの仕事に挑戦したい方はもちろん、やりたいことがなかったり、なんとなく仕事がつまんないなと思っている方。誰かにとって、何かをやり始めるためのヒントになれば、とても嬉しいです。

2020年7月　白武ときお

第1章 YouTube革命

第2章 お笑い第7世代の仕掛け術

第4章 コロナ禍のエンタメ事情

第5章 裏方人生

第1章 YouTube革命

□ 2020年は〝大物〟芸能人の本格参入元年
□ ラーニング系・趣味系・マンガ動画の需要高まる
□ よく見る映像技法は、はじめしゃちょーが元ネタ
□ カジサックの成功が芸能人参入の分岐点になった
□ YouTube社は〝SNS化〟を目指している

2020年、YouTubeになにが起きているのか？

ここ数年で、動画プラットフォームのなかで最も身近な存在となったYouTube。調査会社のアンケートによると、2019年時点で「普段、動画コンテンツを視聴するプラットフォーム」として最も多い87・4%の回答者がYouTubeを挙げ、「Twitter（33・1%）」「Instagram（26・2%）と続きます（※Marketing Research Camp「動画&動画広告月次定点調査 2019年総集編」）。

YouTubeを取り巻く環境は、めくるめくスピードで変わっています。15年前には違法アップロード動画が上がるサイトだったり、仲間内の動画を投稿するプラットフォームのひとつにすぎなかったりしましたが、いまでは年収が70億円を超えるような、世界中で愛されるYouTuberも出てきている。

僕は普段、芸人さんのチャンネルの作家をしていますが、毎日動画をアップしていると、視聴者が求めるものや、何をもって〝面白い〟と思うのか、その価値判断の基準も日々変わっていくのを実感しています。

そんな超巨大プラットフォームで、いまなにが起こっているのでしょうか？

２０２０年は〝大物〟芸能人の本格参入元年。宮迫博之さんや江頭２：50さん、ロンドンブーツ１号２号さん、東野幸治さんなど大物芸能人が続々とチャンネルを開設しています。６月には、とんねるずの石橋貴明さんのチャンネルがスタート。この流れは、今後も続いていくはずです。

それと同時に、裏方のスタッフもどんどん参入しはじめています。これまでは、ネットを中心に仕事をしている若手がYouTube作家をすることが多かったのですが、テレビを専門にしてきた30歳オーバーの先輩作家さんたちも、YouTubeの文脈やトンマナを勉強するようになりました。

その背景のひとつに、芸能事務所の考え方の変化があります。いままでは、芸能人本人がYouTubeを始めたいと思っていても、「なぜギャラが出ないのに始めるのか？」「始める予算を捻出できない」などの理由で、事務所が首を縦に振らないケースが多かった。

たしかに、テレビ番組やライブであれば、最初にこれくらいのギャラが見込めます、ということで、タレントを稼働するGOサインが出せるのですが、YouTubeは収益化まではギャラがゼロ。むしろ、機材やスタッフの人件費でマイナスからのスタートになってしまう。そのハードルが高かったんですね。

しかし、いまではお手本となる芸能人YouTuberの存在があって「どうやら稼いでいる人もいるみたいだ」「新たなパフォーマンスを発揮できるメディアである」と、事務所の人たちもビジネスやファン獲得の場として成立することを認識しています。そこで、それぞれの事務所が所属タレントのYouTubeに対して、ルールを設けて挑戦しはじめたのです。

芸能人が「YouTubeはお金が稼げる場所」だと思っているということではありません。「自分のやりたいこと」ができる場所だから採算度外視の人だっています。ですが事務所としては、ビジネス的に採算が取れなさそうであれば、注力されると困ってしまいます。

テレビがメディアの王者で、予算がたんまりとあった時代は、芸能人もスタッフも、テレビを主戦場として頑張っていればよかったのだと思います。でも、いまは事情が違います。

テレビにはタレントランクというものがあり、そこでギャラの相場が決まります。ランクがまだそこまで高くない芸能人であれば、「ギャラがこれだけしかもらえないなら、YouTubeを頑張ったほうがいい」と感じる人が少なくないかもしれません。芸能人がフィールドを移せば、スタッフも動くのは当然です。

確かにテレビを軸に活動していれば安定した収入が手に入るけれど、YouTubeで大当たりしたら青天井で稼げる可能性がある。そこにドリームを見出す人も増えているのでしょう。


僕は芸人さんと一緒にYouTubeチャンネルをやっていますが、芸人さんの場合は、普段の単独ライブを支えている人たちなど、長年一緒にやってきてきたスタッフと運営することがほとんどです。

はじめのうちはボランティアだとしても、長期的にプラスになればいいということで、スタート時に立ちはだかるハードルを「絆」で乗り越えようとするケースが多いのです。

従来のYouTuber文化を愛してきた人からしたら、「テレビでの活動がダメになったからYouTubeに来ている」「YouTuberが耕した畑に片手間で参入している」と、まるでテレビの〝サブ〟みたいに扱われるのは嫌ですよね。

そんな空気感があってか、よく「テレビVS. YouTube」という対立構造で議論がたたかわされます。しかし、テレビのコンテンツはYouTubeにどんどんアップされていくし、ワンセグのようにテレビをスマホで見る時代もやってきています。だから重要なのは、媒体を問わず、どのクリエイター、どの企業が面白いコンテンツを作るかに尽きるのです。

日々アップデートするYouTube

YouTubeというプラットフォームもまた、常に変化しています。いまでは、パチンコ動画や過激なドッキリの収益化を止めたり、動画を非公開にして、子どもに見せても問題がないクリーンなメディアになりつつあります。

ラファエルさんのように、ランボルギーニに轢かれたり、セクシー系のコンテンツで話題になった人気YouTuberたちも、収益化が止まるなどして、いまはマイルドな内容になっています。もしも今後、YouTubeに代わってなんでもありの動画メディアが生まれたとしたら、そこに大移動するかもしれませんが、いまのところそのような動きは見られません。

みんな、YouTubeが日々アップデートしていくルールのなかで、いかに話題を作っていけるかの勝負になります。

数年前までは、YouTuberそのものが目新しい存在でした。しかし、YouTubeの知名度が上がり新規ユーザーが増えたことで、視聴者も〝◯◯やってみた〟のような楽しい動画に加え、見ていてタメになる動画を求めはじめています。

たとえば、2019年春に開設された「中田敦彦のYouTube大学」は、すでに250万人を超える登録者数を誇り、オンラインサロンのようなYouTube外のコミュニティやビジネスとも連動しています。社会情勢やテクノロジーなどのトレンドも押さえつつ、歴史のような腐らないネタも丁寧に解説しているので、時間が経ってからもアーカイブが再生され、視聴数が増えていくのも強いポイントです。解説の事実関係において賛否両論が飛び交う動画もありますが、中田さんの動画をきっかけにその世界を知ったり、学ぶ面白さを体験できたりする点で、僕は日々更新を楽しみにしています。

このようなラーニング系、教育系の動画の需要は今後ますます高まっていくでしょう。

YouTubeの広告収益の評価軸にも変化があり、視聴数だけでなく総再生時間や視聴者維持率を重視するようになりました。

10分を超える動画には複数の広告をつけられるようになったので、クリエイターたちは、動画を長時間化させて、視聴離脱を防ぐための様々なアイデアを盛り込んでいます。ここ1～2年で、YouTube動画のクオリティは急速に上がってきました。

YouTuberのあさぎーにょさんが2019年12月27日に公開した動画「もう限界。無理。逃げ出したい。」は、ひとつのエポックメイキングです。

人気動画クリエイターのあさぎーにょ。しかし、ここ最近の目の回るような忙しさで日々を楽しめなくなっていた。疲れを癒すべく熱海旅行を計画するが、霧が濃くなり遅延したせいで計画はボロボロ。さらに泊まる予定の旅館もあまりに古く、テンションはガタ落ち……。ほんとに無駄な一日だった——その一言がきっかけとなり、あさぎーにょは「とある一日」を繰り返すことになる。

……という内容の動画。Vlog（ブイログ）と呼ばれるビデオブログ形式を振りにしたショートムービーになっていて、そのクオリティの高さに驚嘆させられました。公開からわずか3日で300万回再生を突破し、SNSにも多くの著名人らが絶賛のコメントを寄せています。

他にも、テレビのような丁寧な動画をつくる6人組の「だいにぐるーぷ」や、プロの映像制作チームが手掛け、青山テルマさんやkemioさんが出演する旅チャンネル「勝手に世界遺産委員会」など、作品性の高い動画が増えてきているのも最近の傾向です。

クリエイターの評価が高まっていけば、今後はYouTube動画にも大きなスポンサーがついて、より多くの予算や労力がかけられる仕組みが出来上がっていくと思います。YouTubeドラマや、紅白歌合戦のような豪華な音楽番組、お笑いコンテストなどが開催される日も、そう遠くないのかもしれません。

アメリカでは、個人のYouTuberではなく、クリエイター集団のYouTubeチャンネルが隆盛を極めていると聞きます。日本でもスタジオジブリや円谷プロ、東宝などの制作チームがチャンネル化して、そこに新作を投下していく流れが来るかもしれません。

一方で、趣味系のチャンネルも年齢層問わず人気があります。巨大な魚を捌《さば》いたりする料理系動画の「きまぐれクック」や、釣り動画の「釣りよかでしょう。」のように、趣味を極めているチャンネルは人気が高い。テレビと同じでグルメ系はやっぱり引きが強いのです。グルメのなかで新しい手法を生み出したのが、料理よりつい胸に目がいってしまう「くまクッキング」。

顔は画面に映っておらず、胸が強調された服を着ながら料理を作っています。再生数をどんどん伸ばし、そのフォーマットを真似するフォロワーをたくさん生み出しました。強調されたＴシャツのバスト部分に広告を募集して月商３００万円を稼ぎ出すという、新しいYouTubeビジネスの方法も開拓しました。

YouTubeの動画ビジネスといえば、ほかにも「フェルミ研究所」を代表格とし、「ヒューマンバグ大学」や「エモル図書館」などが手掛けるマンガ動画チャンネルも人気を博しています。

マンガ動画は、シナリオ、漫画、声優、動画編集のすべてを一人でこなすのは難しく、分業して制作できる資本が必要なため参入障壁が高いんです。企業がお金を投じて作っている動画で、収益化にも時間がかかるため、一般人には真似しにくい。このように個人ではなく、企業としてYouTubeのコンテンツを作り、広告収益で稼ぐケースも多くなっていくのではないでしょうか。

YouTubeをやれば〝なにか〟になれる？

YouTube社は2005年にアメリカで設立され、翌2006年にGoogleが買収。僕は当時高校生で、学校のパソコン室でサッカーのスーパープレイ集なんかを見て楽しんでいた記憶があります。2008年、高校3年生の頃にはiPhoneを手に入れ、授業中に筆箱に隠してYouTubeを見ていました。

当時の日本では、2ちゃんねるやニコニコ動画が全盛期を迎えていて、Flash動画や、歌ってみた動画、踊ってみた動画、ボカロPなどの動画が流行っていました。でも、僕はあまりネットオタク的な資質がなく、熱心にはチェックしていなかったのです。

YouTubeの第一人者のヒカキンさんは2007年、高校生の頃に投稿を始めています。

そして、2010年には「Super Mario Beatbox」と題されたヒューマンビートボックス動画が1週間で100万再生を達成するほどバズった。

僕は大学生になり、中学の同窓会の様子を記録した動画や、男友達何人かで行った自分たちの旅行ビデオを編集して、身内に配るためにYouTubeで限定公開したり、共有ツールとして使ったりしていました。しかし、まだまだ仲間内で楽しむだけのものにすぎませんでした。


僕がYouTubeに一般公開で動画をアップするようになったのは、2012年から。当時、お手伝いをしていた門出ピーチクパーチクという学生芸人のライブの幕間《まくあい》で流す企画映像を上げていました。しかし、YouTubeに公開するために動画を作るのではなく、お笑いライブにかけるために映像を作って、それをYouTubeにアップするという考え方です。

メンバーのAKIのアイデアで「渋谷ど真ん中で少女時代『GEE』を踊ってみた」のような、ゲリラダンス動画を作ったりもしました。「ヒカキンさんのようにバズって話題になったらいいな」と話していましたが、まさか収益化ができるようになったり、

YouTubeを職業にする人が現れるなんて発想はありませんでした。

僕が知らなかっただけかもしれないけど、当時はまだYouTuberという言葉も浸透していなかった。

ただ、僕のまわりにいた学生芸人たちは、そのくらいからYouTubeを始めていて、いまやYouTubeスターになっています。

たとえば、登録者数240万人超の「おるたなChannel」のないとーさんは『学生才能発掘バラエティ 学生HEROES!』（以下、『学生HEROES!』）に出ていてネタをやっていました。渋谷ジャパンさんも彼と同じお笑いサークルにいたし、ちょっと後輩の「水溜りボンド」も青山学院大学のお笑いサークルの出身。

「Twitter漫画家・アーノルズはせがわが、「ハリーポッターとヴォルデモートでUSJ行って来た」という動画でちょっとバズったのも2014年でした。

当時の僕には、それが職業になるとは思えなかったものの、確かに反響が凄く大きかったから、タレントを知ってもらうためのツールとしては有効だと実感していました。

それでご飯が食べられるかどうかはわからないけど、〝なにか〟にはなれるんじゃないか、という希望のようなものが、当時のYouTubeにはあったと思う。

そういうわけで、僕はYouTubeに全振りしようとは思わなかったのですが、「この人たちはどうなっていくんだろう」と、横目で観察していました。

僕自身はテレビとお笑いが大好きで、まずはテレビの世界で修行したいという気持ちが強かった。だから、軸足はテレビで、YouTubeにも少しだけ体重をかけつつ活動してきました。この話は、第三章で詳しく書いていきます。

YouTuberも「第7世代」

YouTubeが職業になるということが大きく知れわたってきたのは、2014年頃から。「好きなことで、生きていく」キャンペーンの広告はセンセーショナルでした。

その頃、ヒカキンさんに顔が似ていた松竹の芸人さんが事務所を辞めて「デカキン」と名乗り、YouTubeチャンネルを始めました。パロディで始めたのに、日に日に人気者になっていくのを見て「なにが起こっているんだ？」と不思議な感覚でした。キッズチャンネル（子どもがおもちゃで遊んでいる動画など）で生計を立てている人もどうやらかなりいるということがわかって、身近なところでも盛り上がりを感じるようになってきました。まさに、YouTuberブーム前夜です。

お笑い第7世代のように、YouTuberも世代で区切られることがあります。チャンネル登録者数400万人超の人気チャンネル「水溜りボンド」のトミーさんが動画内で発表した世代分けでは、第1世代にはヒカキンさん、MEGWINさん、瀬戸弘司さんなどが入っています。10年以上クオリティの高いチャンネルを運営し続けているベテラン勢ですね。

続いて第2世代には、はじめしゃちょー、アバンティーズさん、フィッシャーズさんなどが登場。僕にとっては「自分と同世代の人もやり始めているな」といった感覚が出てきました。第3世代には、東海オンエアさんやおるたなチャンネルさん。トミーさんは言及していませんが、このあたりにラファエルさんなども入りそう。

水溜りボンドさんは2014年に始めていて、ヒカルさん、すしらーめんさんなどが同世代とのこと。第3〜4世代のゾーンがかなり厚く、名前を知っていたり動画を見ている人も多いのではないでしょうか。成功者が多い世代だと思います。

第5世代にはアーティストとしてメジャーデビューもしているスカイピースさんなど。第6世代になると、男女二人組のヴァンゆんさん、そしてカジサックさんに朝倉未来さんなど、芸人や格闘家として有名なYouTuberが挙げられます。第7世代がパパラピーズさん、土佐兄弟さんなど、TikTokなどでも人気の最新チャンネル。お笑いと比べると歴史は浅いため、世代の移り変わりが非常にタイトです。

ちなみに、YouTubeには黄金世代があるそうで、それが1994年生まれだとか。水溜りボンドさん、フィッシャーズさん、パオパオチャンネルさんの主要メンバーや、ゆうこす（菅本裕子）さんなどがそれに当たります。

彼らの世代は中学生でYouTubeに出会っているはずなので、高校生のときには投稿しようと思ったらやれる環境にあったと思います。いまの中高生が学校でクラスメイトとTikTokを撮影するぐらいの感覚で、日常のなかにYouTubeがあった世代なんですね。

ポジティブYouTuber・HIKAKIN（ヒカキン）

２０１４年、「好きなことで、生きていく」ＣＭのなかで、ヒカキンさんは変顔をし、はじめしゃちょーはスライム風呂に入っていました。

この二人は、YouTubeで生計を立てられる保証もなく、この先どうなるかわからないなかで、とんでもない熱量をもって動画をアップし続けてきたYouTuberのパイオニアです。

いまでこそ、はじめしゃちょーは『さんまのまんま35周年ＳＰ』に出演するくらい、その凄さや人気をテレビ業界の人も理解していますが、その認識に至るまでにはかなり時間がかかっています。

YouTubeが市民権を得たのには、やはり、ヒカキンさんの存在が大きかったと思います。ヒカキンさんは、視聴者が嫌だと感じる部分がないように注意を払いながら、面白い動画を作り続けています。そのため好感度が高く、彼がテレビに出るようになって「YouTuberのくせにテレビに出やがって」といったネガティブな空気を打ち破っていくことができました。

ヒカキンさんが所属するUUUMという事務所は、MCN（マルチチャンネルネットワーク）というモデルをいち早く日本で作り上げた会社です。YouTubeチャンネルのサポートをしながら、問題があればトラブルシューティングし、スポンサー案件もきちんと整理していく、いわばYouTube事務所的な組織です。

最近はUUUMからクリエイターが退所するという動画がYouTubeの〝急上昇ランキング〟に上がって話題になることもありますが、それは芸能事務所からタレントが離れている現象とほぼ同じ構造です。いまは自分たちで様々なことができる時代なので、在籍することで得られるメリットとデメリットを比べ、よいタイミングで入所と退所を決めているのでしょう。

日々、試行錯誤してチャンネルの価値を高めていくなかで、サポートを受けなくても自分たちでやっていけるという自信がつけば退所してもよいでしょうし、逆に、サポートなしではやっていけなかったり、恩義を感じたりして残るという選択肢もあると思います。

コロナ禍により、YouTubeチャンネルは、多い人で4～5割の広告収益が減ったといわれています。ですから、手数料を取られるデメリットを大きく感じてしまったりすると、退所を考えるきっかけになるのでしょう。


一方で、4月に吉本興業とUUUMが業務提携を発表したので、またなにか新しい動きが出てきそうです。

吉本興業はYouTubeの動き出しが早く、YouTubeがGoogle傘下になった直後の2007年に吉本興業公式チャンネルを開設。2012年頃には「OMO」というブランドでYouTube部門をMCN展開させています。人気芸人のYouTubeをスタートさせ、うまく回っていなかった時期もあったのですが、トライアンドエラーをしながら、いまでは多くの人気チャンネルが育っています。

ただし、ここまで積極的にYouTubeに取り組んできた芸能事務所というのは、他にはほとんどありません。マネタイズに関しては見えてこないことのほうが多かったので、まだまだYouTubeに対して及び腰な事務所も少なくないという印象です。

はじめしゃちょーが生み出した映像技法

はじめしゃちょーとは、2017年に一緒にテレビ番組を作ったことがあります。

僕は2014年に設立された、静岡朝日テレビが運営するインターネットテレビ局「SunSetTV」（サンセットTV）の立ち上げに参加しました。

2016年に『Aマッソのゲラニチョビ』、2017年から『霜降り明星のパパユパユパユ』をスタートさせたんですが、当初はYouTube配信チャンネルでのスタートでした。

はじめしゃちょーと一緒に取り組んだのも、SunSetTV発で、2017年に制作した『しぞーかクエスト』という番組です。

知り合いから「ネットの有名人が集まるオフ会に、はじめしゃちょーが来るよ」と聞いていたので、初対面でしたが「一緒にテレビの特番を作りませんか」と直接オファーをしました。

そのとき持って行った企画は、はじめしゃちょーと、彼と仲が良いTwitter漫画家のアーノルズはせがわの二人が、静岡県内をすごろくにして回るという旅バラエティもの。

当時もはじめしゃちょーは、YouTubeの投稿を毎日やっていて、すでにYouTubeのスーパースターになっている。

忙しいから難しいかな……と思いながらも、静岡県出身だし、もしかしたら引き受けてくれるかもしれないと提案したら、「やりたいです」と言ってくれました。

番組ロケは一泊二日で同じ部屋に泊まったのですが、テレビの収録が終わったあと、彼が深夜までずっと動画編集をしていたことを覚えています。

つい「なんでそんなに一生懸命編集してるんですか?」と聞いたら、「出るのも楽しいけど、編集するのがとにかく楽しいんです」と答えたので、その熱量に圧倒されました。

確かに、はじめしゃちょーの編集スキルって半端じゃないんです。いまや大勢の

YouTuberが編集で使っている映像技法、演出フォーマットは、彼がYouTubeに最適化したものが多いのです。

ジャンプカットを多用して、すごいスピード感で視聴者の質問に答えたり、定点の映像にズームで寄ってオチを作ったりするテクニックなど、多種多様にあります。

室内の定点観察、演者も一人、そのなかでどう面白く見せていくか。視聴者を飽きさせない試行錯誤をしていくなかではじめしゃちょーが生み出したのは、テレビにはない、YouTubeならではの映像文法ですね。

ちなみに、ヒカキンさんが2018年に『プロフェッショナル　仕事の流儀』に出たとき、彼も編集作業に1日6時間をかけていると言っていました。

ただ、ヒカキンさんのYouTuberとしての特徴は、なによりもあの顔。いろいろなパターンをもっているし、いかに顔を面白く見せるかのプロフェッショナルだと思っています。

誰が「コンテンツ」を面白くしているのか？

いまコンテンツは、「誰が作っているのか」ということが重要な意味をもつ時代になってきています。

映画の世界であれば「制作総指揮がスピルバーグ」「スコセッシがNetflixにやって来た」など、監督のブランド力で視聴者を呼び込みますが、YouTuberの場合は、表に出ている人と作り手が同じというところが重要です。

視聴者も、誰がそのコンテンツを面白くしているのか、誰に才能があるのかということを意識して見るようになってきています。

YouTuberは、企画、撮影、編集、出演とすべて一人で地道にやっているところに感動するんですよね。芸能人でも、フワちゃんや、藤田ニコルさんや、本田翼さんは自分で編集をやっていますが、その凄さがいまはしっかり視聴者にも伝わるようになっている。

そのマルチぶりと、毎日欠かさず動画をつくる熱量があるから、応援したくなる。お客さんは、クリエイターの才能と熱量についてくるんです。ただ、全部自分でやろうとすると、忙しくて更新頻度が落ちてしまいがちなので、そこは一長一短です。

芸能人はK-POPアイドル、YouTuberは日本のアイドル

僕よりも年上の方のなかには、YouTuberに嫌悪感を覚える人も少なくないと思います。「何が面白いんだ?」「所詮は素人だ」という声もよく耳にしました。

初めて見た動画がモノを粗末にしていたり、身内だけで悪ノリしたりしているよう

なものだったり、世代の違いで受け付けない価値観というものがあるのかもしれません。僕が、プロレスネタやプロ野球選手のモノマネをされても、まったくわからないのと同じでしょう。

ただ、その面白さがわからなくても、YouTuberの先駆者たちの凄さは理解しておくべきだと思います。何度も言うようですが、彼らは先の見えないことをやり続けて、城を築きました。

YouTuberがお金を稼いでいることをやっかむ人もいます。ですが、お金のためにYouTuberを始めたわけではなくて、たとえば学生で暇だったからとか、仲間内で楽しむために上げていた動画に反応があって、嬉しくなって続けるようになったとか、そういうケースがほとんどではないでしょうか。

きっと人気になる前は「なに恥ずかしいことをやっているんだ」みたいな、冷たい視線を向けられたこともあると思います。それでも、やり続けてきたからいまの人気があるわけです。

YouTuberが人気になる過程というのは、AKB48やももいろクローバーZのように、応援していたアイドルが紅白歌合戦に出場するような感覚だと思うんです。ずっと見ていたものが大きくなっていくことに喜びを感じ、〝無名の完成されていないアイドルの成長物語〟という文脈ごと楽しむエンタメ。

YouTubeも、最初はごく少数のファンしか見ていなかったものが、徐々に再生回数が上がってチャンネル登録者数が増え、「ヒカキンとコラボした！」「テレビに出た！」「ランウェイを歩いた！」など、やれることの規模がだんだん大きくなっていくさまをそばで見続けるところに面白さがある。

そういう意味では、芸能人やお笑い芸人は完成されたパフォーマンスを楽しむＫ-ＰＯＰアイドル、YouTuberは成長を楽しむ日本的なアイドルにたとえられるかもしれません。

YouTuberやインフルエンサーといったネットの有名人は、世間一般には知られていなくても、好きな人はとことん好きだし、楽しんだり応援するためならお金を払うほど深いファンを育てている人が多い。ネット文化で育っている人たちって、拍手や応援の意味でお金を払うことに慣れている傾向にあります。

コミケやコスプレイヤーの文化もそうですが、VTuberの投げ銭などではもの凄い金額が動きます。ヘタすると、1回の配信で1千万円の投げ銭を集めるVTuberもいるくらいです。

以前からニコニコ生放送などで生活を成立させている人はいたので、YouTubeもその流れでネットライクなカルチャーになっていくんじゃないかと予想はしていましたが、まさかここまでメジャーな存在にまでなるとは想像できなかった。

お金を稼ぐのが目的ではなくても、長く活動を続けていくため、スケールアップしてさらにファンを楽しませるためにも、お金が集まるのはありがたい。広告収入だけに頼っているとどうしても不安定なので、応援しているクリエイターに対しては投げ銭やグッズ購入などでサポートをするのがオススメです。

人気YouTuberはなぜサブチャンネルを持つのか

人気YouTuberは、サブチャンネルを運用している人が多いです。たとえばヒカキンさんは、メインチャンネルの他に、ゲーム実況専用チャンネルなど全部で4つのチャンネルを持っています。なぜ分けているかというと、ゲームの動画だけ見たい人にとっては、探すのが面倒くさいから。YouTubeチャンネルには「再生リスト」機能がありますが、みんなそこまで辿ってくれないので、チャンネルごと分けてしまう方がよしとされています。

また、人気YouTuberとなると、動画に対する期待値も上がっているので、ゆるい動画はなかなか上げにくくなります。でも、だらだらと話すオフっぽいところが見たいとファンもいるので、Vlog的に別チャンネルを運営することもありますね。

YouTuberもキャリアアップを考え始めている

2019年頃から、人気のあるYouTuberの方からも仕事の相談が来るようになっています。主に「スケールアップしたいからテレビマンの制作力を借りたい」といったもので、それまではあまり見られない傾向でした。

一方で、「カリスマブラザーズ」「パオパオチャンネル」「へきトラハウス」といった、チャンネル登録者数100万人超だった人気グループが相次いで解散を発表しています。

解散理由は様々ですが、YouTuberは楽じゃありません。凄まじい投稿頻度で、できることを精一杯やって、疲れてしまった人もいるでしょう。数年前まではYouTuber自体が目新しい存在だったから、彼らも勢いにのってガンガンやれたと思います。

でも、いまは有名スポーツ選手や芸能人たちが続々と参入していて、これまでとは違うことも求められる。YouTuberの〝旬〟は、プロ野球選手より短いかもしれません。

かつて人気があったYouTuberのなかには、近ごろ再生回数が振るわなくなってしまった方もいます。ただし、これは芸能人の影響だけではなく、YouTubeのムードが全体的に変わってきているから。チャンネルの母数が増えすぎて、有名無名問わず、あらゆるチャンネルが視聴者の自由に使える余暇時間、スキマ時間を奪い合っている状態なのです。

特にバラエティ系の面白い・楽しいチャンネルは、選択肢が増えすぎて視聴者が分散しています。かつてのブルーオーシャンは、常に話題を作り続けないと生き残れない、過酷なレッドオーシャンに変貌を遂げたといえるでしょう。

そんな状況下において、数年間がむしゃらに走り続けてきたYouTuberたちにも、次なるビジョンが必要になってきた。たとえば、歌を出したり、テレビに出演したり、ドラマを作ったり。様々なパターンがありますが、ファンが納得できる熱量をそこに保てるかが課題になってくるのではないでしょうか。

なぜ芸能人はYouTubeをはじめるのか？

ではなぜ、芸能人たちはYouTubeに進出していくのでしょう。

それは、芸能人、特にネタを作るような芸人さんの場合は、自分の脳みそで考えたことをどこかで披露して人を楽しませたいから。でも、テレビだとそこに視聴率がついてこないといけないし、ハードルが高い。それができるのは、トップオブトップの人間だけ。

YouTubeにはいろいろな利点があります。アーカイブされていくこと。動画の長さを自分で決められること。編集権が自分にあること。スマホがあればどこでも見られること。好きなタイミングで公開・非公開ができること。そして、視聴数を気にしなくていいから、どんな内容でも構わないということ。

アウトプットが自由自在にできて、視聴者がたくさん滞在しているプラットフォームであるYouTubeに活路を見出そうとするのは、当然の流れではないでしょうか。

『ざっくりハイタッチ』で共演していた千原ジュニアさん、フットボールアワーさん、小籔一豊さんによる「ジュニア小籔フットのYouTube」が4月に始まり、僕も末端ですがお手伝いさせていただいています。

これだけビッグな芸能人が、しかも3組一緒にやるというのは見たことがないので、これが成立していけば凄いことになるんじゃないかと思っています。

カジサック前後で大きく潮目が変わった

芸能人のYouTube進出に関しては、カジサックさん以前と以降で潮目が大きく変わりました。カジサックさんがチャンネルを開設したのが2018年の10月で、2019

年7月に100万人突破。革命のファンファーレが鳴り響いた瞬間でした。

実は、キングコングさんは2013年からYouTubeチャンネルをやっているんです。当時、梶原さんは「よくワケがわからないままYouTubeをやっていた」と動画でお話しされていました。ただ、YouTuberとしてのカジサックさんが人気になったことで、キングコングさんの昔の動画も見られるようになっている。これまで地道に続けていた動画が資産になっているのです。

カジサックさんの成功は、それまでなんとなく流れていた「芸能人がYouTubeをやるのはサムい」という空気を打ち破りました。

もちろん、日本エレキテル連合さんやピコ太郎さんの活躍もその下地になってはいたと思いますが、やはりカジサックさんがチャンネル登録者数100万人を突破した2019年が、「芸能人YouTuber元年」といえるでしょう。

僕たちの視聴時間は増え、チャンネルは宇宙のように膨張する

まさに破竹の勢いでYouTubeを開拓している芸能人チャンネルですが、そのすべてが盛り上がっているわけではありません。成功するかしないかの分かれ目はどこにあるのでしょうか。

まずひとつに、「照れがない」ということの大切さが挙げられます。テレビの世界からYouTubeに〝下りていった〟みたいな空気が感じられると、視聴者は敏感にそれを感じ取って離れていきます。

たとえば、宮迫さんがYouTubeを始めたとき、人気YouTuberのヒカルさんとコラボしたことに対して、ネガティブなコメントもありました。しかし、スタートダッシュを切るには最良の手です。普通に始めてもなかなか話題にならないし、視聴者も

どう見たらよいのかわからない。YouTubeのご意見番的な立ち位置を確立しているヒカルさんのディレクションは鮮やかでした。芸能人がYouTuberとコラボするのはダサい、美学に反するという気持ちもわかります。ただ、他の戦略を見つけられないまま、ダラダラと迷走しているほうが、結果的にはダサく見えてしまいます。

江頭2：50さんのように、一人で圧倒的に駆け上がっていくのは確かにかっこいい。それができる人だったら、何も問題はありません。でも、そうでないのなら照れている場合ではないんです。

最初にネガティブな反応をされたり恥をかいたりしても、成功してしまえばみんなすぐに忘れてしまう。宮迫さんのYouTubeチャンネルは大成功なんです。

芸能人はどんな動画を上げれば人気チャンネルになるのでしょう。よく、そういう相談も受けますが、これぱっかりはやってみないとわかりません。何がウケるかわからない。

僕としては、ウケようと思って寄せにいっている動画よりも、本人がこれが面白いと思ってやっている、熱量のある動画が好きです。ハリウッドザコシショウさんのチャンネルは、常軌を逸しています。あれこそ芸人さんの真のフルスイングだと思う。

今年に入って、とあるアイドルのチャンネルも担当するようになったのですが、先日、旅動画を出してみたらもの凄い反響がありました。リハ動画やコンサートのバックヤードのような「アイドルの裏側」を公開するのはK-POPからの流れですが、「芸能人のオフ」を見ることができるのは強いと思います。日本のアイドルもどんどんやるようになっているので、今後もこの流れは進んでいくでしょう。

「芸能人のオフ」でいえば、川口春奈さんのYouTubeも面白いですね。「ここまで見せるのか?」っていうような場所も平気で映している。テレビだったらどう編集されるかはオンエアまでわかりませんが、YouTubeなら、実家で撮ったセルフィー動画を、自身が編集権をもって配信までもっていくことができます。

カジサックさんに続く第二波として、中田敦彦さんが「YouTube大学」で教育系YouTuberとして、政治や社会情勢、歴史などに関する解説動画で注目を集めています。

ホリエモンこと堀江貴文さんは、時事ネタ解説動画でNewsPicksを読むようなリテラシーの高い視聴者、大人のお客さんをYouTubeに引き込みました。

彼らの動画をきっかけにYouTubeに足を踏み入れた視聴者は、自分の趣味に合った動画にも辿りついていきます。

たとえば「きまぐれクック」や「釣りよかでしょう。」、ヒロシさんのキャンプ動画といった、ピンポイントに細かく刺さるような動画を見はじめると、オススメ動画として次から次へと自分の趣味嗜好に合ったものが出てくる。そうして、僕たちがYouTubeを見る時間はどんどん増えていくのです。

YouTubeのチャンネル数は宇宙のように膨張し続けていくでしょう。もしかしたら、今後はTwitterやInstagramのように、誰でも一人1チャンネルを持って、気軽に動画投稿することが当たり前の時代になるかもしれません。

YouTubeとしても、今後は〝SNS化〟を目指しているように思います。投稿者とチャンネル登録者が直接交流できるコミュニティという機能を作ったほか、インスタストーリーのような機能もできました。

「エンゲージメント」というコミュニティに対してのリアクションもチャンネルの評価になっていて、ここで活発にコミュニケーションが行われていると思われれば、高い評価となって動画の広告単価につながっていく。

いまYouTubeは、よりインタラクティブ(双方向)なコミュニケーションに向かっているのではないでしょうか。

サブキャラの有用性

人気のYouTubeチャンネルはサブキャラも豊富です。例えば、カジサックさんのチャンネルには家族全員が出演していますが、中でも奥さんのヨメサックさんはかなり人気があります。

これは、テレビでも言えることなのですが、『世界の果てまでイッテQ!』が、みやぞんさんやイモトアヤコさんを発掘したように、そこでしか見られないキャラクターを作るとすごく強いんです。テレビの世界から一番遠い人を連れてきて人気者にするテクニック。ヨメサックさんは、まさにカジサックチャンネルでしか見られない人だし、綺麗な奥さんがタレントとしてどんどん仕上がっていくのを見るのも面白い。

また、スタッフがサブキャラとして登場することでチームで楽しくやっている感じを出せます。『水曜どうでしょう』もディレクターの声がよく入っているのですが、あの笑い声が入ることで視聴者も一緒に旅をしてる感覚になれるんですよね。

スタッフがしゃべることで「本編」と「収録風景」の二つのストーリーが走るんです。たとえば、大食い企画をやるときに、普通に一生懸命大食いをしているYouTuberのストーリーと、それを撮っている人たちのストーリーの二つが同時進行することになる。スタッフ側のメタ的な視点が生まれることで、視聴者は収録現場に一緒にいるように感じられます。スタッフは画面にあまり出ないほうがいいと思いますが、しゃべりについてはアリではないでしょうか。

僕も、YouTubeでは意図的に話しかけたりしています。霜降り明星は、二人だけでも進行できるのですが、視聴者を代弁する気持ちで、気になることを聞いたり、かゆいところに手を届かせるように意識しています。

YouTube年表

2005年	・アメリカでYouTube設立
2006年	・GoogleがYouTubeを買収
2007年	・6月、日本語対応。動画投稿者が広告収入を得られる「YouTubeパートナープログラム」運用開始 ・ヒカキン（当時高校生）がYouTubeに初投稿。日本ではニコニコ動画が最盛期で、弾いてみた、踊ってみた、ボカロ等の動画がブームに
2008年	・YouTubeとJASRACとの間で音楽著作権に関する包括許諾契約を締結
2010年	・ヒカキンのビートボックス動画がバズり、1週間で100万回再生達成 ・尖閣諸島中国漁船衝突事件の映像がsengoku38によって投稿される
2011年	・「YouTubeパートナープログラム」一般ユーザーに開放
2012年	・はじめしゃちょー、フィッシャーズらがチャンネル開設
2013年	・初のYouTuberプロダクションとしてUUUM設立

2014年

・ユーザー数の減少などから、ニコニコ動画のゲーム実況者たちがYouTubeに移行
・マックス村井、アップバンク資金流出騒動

2015年

・当時19歳の少年が「店の商品にいたずらしてみた」と陳列されたお菓子に爪楊枝で穴をあける動画をアップし逮捕
・ヒロシがYouTubeに動画投稿を始める

2016年

・ピコ太郎の「PPAP」が世界的な大ヒット
・VTuberキズナアイがブレイク
・27歳の男がチェーンソー片手にヤマト運輸の営業所を襲撃。その一部始終を配信し逮捕

2017年

・「ユーチューバー」が「ユーキャン新語・流行語大賞」にノミネート
・YouTubeが音楽チャートを提供開始

2018年

・デマ動画などの乱立を背景に、YouTubeがニュース動画の信頼性を高めるための施策を発表
・カジサック、本田翼らがチャンネル開設

2019年

・中田敦彦、藤田ニコルらがチャンネル開設
・10歳の不登校YouTuberゆたぼんを巡り議論が噴出Google がYouTubeを買収

2020年

・ローラがチャンネル開設
・Misono chで島田紳助氏が8年半ぶりに肉声を披露
・手越祐也が行った緊急会見の同時視聴者数は130万人超え

第2章

お笑い第7世代の仕掛け術

- お笑い第7世代の台頭でバラエティの構造が激変
- 霜降り明星が「YouTubeやるなら毎日更新」と決めた
- 「しもふりチューブ」の撮影は1日最大30本
- フワちゃんスタイルの元ネタはビビアン・スー
- お笑い第7世代には〝お笑いマニア〟が多い

霜降り明星・せいやの「第7世代」発言

いまや、完全に市民権を得た「お笑い第7世代」という言葉。すっかり一人歩きしてしまっている観もありますが、もともとは霜降り明星のせいやさんが、M-1グランプリ2018の優勝後に自身の冠ラジオ『霜降り明星のだましうち』で「第7世代」という言葉を出して、同世代を盛り上げていこうと提言したことが始まりです。

その1年前には、『AI-TV』という、霜降り明星や四千頭身、ゆりやんレトリィバァなどの若手芸人だけでやっていた深夜番組が放送されていました。

残念ながらすぐに終わってしまったので、正直「やっぱり若手のお笑いはこれからも厳しいのかな」と悲観する気持ちもありました。が、2018年にハナコがキングオブコントで、霜降り明星がM‐1グランプリでそれぞれ優勝して、ちゃんと実力を証明することができた。そんな背景もあって、若手芸人を見るテレビ制作者たちの雰囲気が徐々に変わりつつあった頃でした。

そんなとき、せいやさんの「第7世代」発言があった。数日後には静岡朝日テレビでやっていた霜降り明星のYouTube番組『パパユパユパユ』の収録が控えていました。僕は「第7世代」というワードが面白いと思い、それを押し出していこうと、お笑い芸人を世代別に区切ったフリップを作ったんです。

第1世代から第3世代までは、それまでもなんとなく語られていましたが、4、5、6世代が曖昧だった。そこで、第4世代がナインティナインさん、爆笑問題さん、ネプチューンさんなどの『ボキャブラ天国』世代。第5世代が『エンタの神様』、『笑いの金メダル』、『M‐1グランプリ』世代。第6世代に『ピカルの定理』、『キングオブコント』、『THE MANZAI』ときて、いまが第7です、という具合に定義しました。

その場でも大いに盛り上がったので、僕はテレビの会議用に「こういうくくりがあるんですよ」という企画書をたくさん書きました。

霜降り明星以外に初めて「第7世代」という言葉が使われた番組は『ネタパレ』です。そのときは、2015年結成のコンビ、かが屋に対して使われていました。『ネタパレ』は、EXIT、宮下草薙、四千頭身など、お笑い第7世代にくくられる若手芸人たちの主戦場。新たな面白さと価値観をもった20代の才能あふれる芸人さんたちの存在が、ブームを加速させています。

テレビ業界は長い歴史のなかで、「どれだけの世帯が見たか」を示す世帯視聴率を重視してきました。それが近年、「性別や年齢などの項目別で誰がどれだけ見たか」を示す個人視聴率が重視されるようになってきています。

リーディングカンパニーである日本テレビは、13~49歳をコアターゲットとして「世帯視聴率をできるだけ下げずに、若年層の視聴者層を掘り起こそう」という明確な意識改革を行っています。

ですから、テレビ局や制作者たちが〝若い人たちが見る番組〟を求めているところにアンダー30の若い世代が出てきたことも、「第7世代」ブームの大きな要因のひとつだと思います。ビジネスの面からしても、追い風が吹いていた。

その後、２０１９年３月30日放送の『ENGEIグランドスラム』が大々的に「お笑い第7世代」のくくりをぶちあげたことで、その概念が一気に広まっていったように記憶しています。

「お笑い第7世代」というのは、言葉から先に生まれたある種の概念みたいなものだと思うんです。

夏目漱石が「肩こり」という言葉を作ったことで、人々は肩こりを感じるようになった、なんて話がありますが、お笑い芸人の世代交代も、先に「お笑い第7世代」というキャッチーな言葉があり、それにハマる人がたくさんいたから大きなムーブメントになった。

実際、霜降り明星が出てくるまで、新しいお笑いの枠はぽっかりあいていました。『アメトーーク！』や『ロンドンハーツ』を中心に、有吉弘行さん、ザキヤマさん、フジモンさん、おぎやはぎさん、バナナマンさんといった、40代の芸人さんたちの掛け合いが面白すぎたため、出演者の入れ替わりがまったく起きませんでした。

お笑い業界は、高齢化が進んでいます。『M-1グランプリ』は出場資格が芸歴10年から15年に引き上げられ、若手の活躍が見てもらえるネタ番組はゴールデンタイムにはない。

膠着状態がしばらく続いているなかで、霜降り明星がそこに風穴をあけ、そこからEXITや四千頭身などが続々と台頭することができた。20～40代の幅広い世代が融合した、新しいバラエティの構造に変わっていったんです。テレビ番組の顔ぶれがどんどん変わっていくさまは、そばで見ていてすごくワクワクします。

当初は、こんなに大きな現象になって、テレビの出演者が一気に入れ替わるとは思っていませんでした。最近では自分たちを「6．5世代」だと定義したり、おじさんなのに「俺は第7世代」と言い張ったりする人たちが出てきて、さらに面白いことになっています。

ワードがキャッチーなのもポイントですが、霜降り明星の存在がいかに大きいか。彼らが、お笑い業界が待望していた〝演芸が得意すぎる新世代のリーダー〟だったために、ここまでの革命が起きたのです。

霜降り明星との出会い

霜降り明星とは、サンミュージックプロダクションでママタルトというコンビを組んでいる檜原《ひわら》洋平の紹介で知り合いました。檜原は僕が初めて作家として参加した『学生HEROES!』の「笑いのゼミナール」という学生芸人のコーナーに出ていたんです。

当時は、まだ大阪に住んでいた檜原を含む4人の関西人が、番組収録のたびに夜行バスでやって来て、若手芸人の溜まり場になっていた僕の家に泊まっていました。

檜原とはお笑いから恋バナまでたくさんの話をしたのですが、あるとき彼の大阪の同期で、アマチュア時代から一緒にライブをやっていたZAZY、そして粗品という芸人が組んでいる霜降り明星が面白いと教えてもらいました。「きっと世に出て来るんで見てみてください」と動画のURLを送ってくれたので、ネタを見たらめちゃくちゃ面白かった。だから、『ガキの使いやあらへんで！』のスタッフから「誰かいい芸人さんいない？」と聞かれたときに、霜降り明星やZAZYの名前を出したんです。その結果、ZAZYが「山-1グランプリ2016」で優勝して、すごく嬉しかったですね。

霜降り明星に初めて会ったのは、2017年6月16日。檜原が彼らと東京で飯を食べるというので、セッティングしてもらったんです。テレビ朝日での番組収録後だったから、六本木の居酒屋で。檜原と霜降り明星の二人、ZAZY、あとニッポン放送の野上大貴くんというディレクターと僕の6人でした。

そのとき僕たちがなにを話したかはぜんぜん覚えていないのですが、2人から絶対に売れてやるという闘志が感じられて、素直に「いいな」と感じました。

ちなみに、野上くんは、現在『霜降り明星のオールナイトニッポンゼロ』を担当しています。

お笑い芸人って、ただただ楽しくて続けている人たちもたくさんいる。そういう人たちももちろんいいのですが、霜降り明星は、「この道でなんとかならなければ辞める」というタイプ。二人とも熱い。そういうところが好きですね。

初めて仕事をしたのは、2017年9月に静岡朝日テレビのインターネットテレビ局「SunSetTV」でスタートさせた『霜降り明星のパパユパユパユ』という番組でした。静岡朝日テレビからは好きなことをやっていいと言われていたので、霜降り明星でやりたいと思って声をかけたんです。彼らもぜひやりたいと言ってくれたので、すぐに動き出しました。

ネット番組だったので、地上波を目指して頑張っていたのですが、2019年4月には静岡朝日テレビで『霜降り明星のあてみなげ』という冠番組としてレギュラー化されることになりました。

ひとつ形になったので、また次のチャレンジができないかなと模索した僕は、2019年の6月に『あてみなげ』のロケをしているロケバスの中で、「YouTubeチャンネルに挑戦するのはどうですか？」と提案しました。

すると「すぐやりましょう」と快諾いただき、7月には「しもふりチューブ」を開設するというスピード感でした。

「しもふりチューブ」の作り方

実際に霜降り明星と仕事をしてみて、20代の芸人であれだけの実力があり、二人だけで面白くできる能力が仕上がっているのは本当に凄いと思います。

まず、トークのスピードが速すぎます。いわゆるYouTuberは、トークの間をバッバッと切ってテンポよく見せる〝ジャンプカット〟という編集をすることが多いのですが、霜降り明星でそれをやると、逆に違和感が出てしまうくらいポンポンと素速くトークを展開する。

ただしゃべっているだけで成立してしまうので、「しもふりチューブ」に関しては「やっぱり芸人がYouTubeやると違うな」というリアクションをされることが多いんです。1年で365本作っているわけですが、素材の段階で「編集でなんとか面白くしないと!」ということがありません。

1年で365本と書きましたが、それは「しもふりチューブ」を始めるにあたっての打ち合わせのとき、二人が「やるなら毎日やりましょう」と言ったから。

もちろん、それはYouTubeをやるうえで圧倒的に正しい選択なんですが、2019年ブレイクタレント1位、テレビ出演本数307本の忙しさ。スケジュールを考えたら、こっちから言えることではありませんでした。だからその言葉を聞いてシンプルに「かっこいいな」と思いましたね。

「やるならやる」という気持ちでいてくれたので、こちらも「分かりました」とふんどしを締め直して、毎日動画を更新できる態勢を整えたんです。

とはいっても、基本的に「しもふりチューブ」は霜降り明星と、僕と、映像作家の柿沼キヨシさんの4人で撮影していて、その映像素材を何人かの動画編集ディレクターに渡して作っています。

僕はいくつかのYouTubeチャンネルをお手伝いしています。僕の役割は、企画だけ出す場合もありますし、テレビ番組でいう総合演出のような立ち位置でやったりもします。「しもふりチューブ」に関しては、僕と柿沼さんの2人が総合演出的な立ち位置で関わっています。

YouTubeはなるべく少人数で、同じ熱量を持ったメンバーとやるのがベストだと思っています。気心が知れて、知らないスタッフも見学していない、価値観を共有するメンバーで楽しく撮影できたら最高です。

具体的には、どのように撮影をしているのか。企画の出所は3つあって、ひとつは僕、もうひとつは霜降り明星、それから視聴者からのリクエストです。よくやっているパターンだと、まず二人の前に僕が考えた企画と、視聴者からのリクエストを書いた紙を10枚くらい並べて、どれをやるか選んでもらって進めていきます。

霜降り明星は自分たちからも話したいテーマやオリジナルゲームをどんどん提案してくれるので、熱量の高いものから撮影していきます。

簡単な打ち合わせで、今日は企画系を2つ、質問系を2つ、ゲームを2つ、あとはそれぞれしゃべりたいことしゃべりましょうかと、なんとなくのその日のスケジュールを共有したら、実際には基本的にフリーに撮影していきます。

2019年の特番時期、霜降り明星のスケジュールが取れなくなりました。その制約を生かして、1日で30本の撮影に挑戦してみようと「オフ旅龍宮城編」が生まれたんです。

30本撮影するという無茶振りにも、彼らはちゃんと取り組んでくれます。凄く真面目で「やるからには全力でやる」。軸がぶれません。

テレビではボケとツッコミの役割を分け、徹していることが多いのですが、実は、二人ともボケとツッコミができます。ラジオやYouTubeのように、二人だけのフリーの場になると、役割がスイッチして入れ替われるところも見られます。

フワちゃんのビジュアル誕生秘話

フワちゃんとの出会いは、SunSetTVでAマッソとやっていた『Aマッソのゲラニチョビ』の撮影です。エキストラが必要で、Aマッソが後輩芸人だったフワちゃんを連れて来たんですが、僕に話しかけてきたフワちゃんの様子がどうもおかしくて気になったので「今度ご飯に行こうよ」と誘いました。

それからほどなくして、二人で恵比寿の居酒屋に行ったんです。ネタ終わりだったみたいで、フワちゃんは大きな青いボールを鞠《まり》つきしながらやって来ました。「フワちゃんって恥ずかしいことないの？」って聞いたら「え、ないよ～」って。「じゃあ、裸を見られるのも恥ずかしくないの？」と聞いたら、「恥ずかしくないよ～」と、すぐさま大した仕切りもないのに居酒屋でペロっとシャツをめくって上半身裸になろうとしたんです（笑）。すぐ止めましたけど。

話していて気も合うし、めちゃくちゃ面白かったので、よく遊ぶようになりました。仕事と仕事の合間、タピオカを飲める時間があれば集合して、週に10回遊んでいました。

フワちゃんのYouTubeチャンネル「フワちゃんＴＶ」を担当している長崎周成という放送作家がいるんですが、当時、僕と周成はルームシェアをしていて、フワちゃんがそこに入り浸るような形でほぼ3人暮らしみたいな時期もありましたね。

２０１7年まで、フワちゃんはワタナベエンターテイメントの芸人でした。ワタナべって、コンビを解散すると所属が外れるんです。

だから、フワちゃんもコンビを解散した瞬間、フリーになりました。ただ、そのとき周囲にいた全員が、こんなに面白いんだから絶対になんとかなるだろうと思っていました。その半年後くらいにフワちゃんはYouTubeを始め、いまはテレビで見かけない日がないほどの半端ない人気者に。必然ですね。

実は、インパクト大な〝フワちゃんスタイル〟のビジュアル誕生には僕も関わっていたりします。

Aマッソの番組で台湾ロケに行ったときでした。僕はフワちゃんのお世話係として同行していたのですが、ボサボサのありのままのロングヘアで出ようとしていたから「フワちゃん、ここから変身するんだよね？」って振ってみたんです。そしたらフワちゃんは「え？」と考えたあと「もちろん！」と言って、空港のトイレに篭りはじめた。戻ってきたら、ビビアン・スーの髪型になっていました。

実はあのスタイルは『ウッチャンナンチャンのウリナリ!!』で一大ブームとなった

「ブラックビスケッツ」のメンバー、台湾出身のビビアン・スーさんから来ているのです。

そんなフワちゃんがバラエティで見つかったのは、指原莉乃さんの存在が大きかった。指原さんはもの凄いお笑いマニアで、Aマッソの番組やフワちゃんのYouTubeも面白がってくれたんですよね。周辺にいる僕らは「フワちゃん面白いのに」「絶対売れるのに」と思っていたけど、売れるきっかけになったのは、指原さんが『ウチのガヤがすみません！』でピックアップしてから。

指原さんは、もう「指原が推すなら間違いない」というキュレーター的存在になっていて、本当に凄いんです。昨年、たまたま日テレのエレベーターで指原さんと一緒になったとき、「もしかして、フワちゃんの友達の作家の人ですよね？」って、僕にまで声をかけてくださいました。

フワちゃんは面白いうえに、ブランディング能力がずば

抜けています。よくテレビでYouTuberを扱うときには、最初のとっかかりとして「いくら稼いでるの？」「どんな家に住んでいるの？」といったことでトーク展開されることが多いです。しかし、そういう消費のされ方ではなく、フワちゃん自身が芸人としての面白さをもった「YouTuber芸人」という新しい肩書をもてたことが、ここまでのブレイクにつながったと思います。

台湾の空港での無茶振りから現在のフワちゃんのビジュアルが生まれ、いまではそれを『行列のできる法律相談所』で松本人志さんがコスプレしたり、加工アプリのフィルターになって全国の女子が真似するまでに至ったわけです。もしも台湾に行ってなかったら、あそこで僕が振っていなかったら、あのビジュアルはなかったと思うと、感慨ひとしおです。

フワちゃんには最大で50万円貸していたことがあります。僕は一時期、海外旅行にハマっていて、周囲の友達がみんな忙しかったときに、絶望的に暇な友達がフワちゃんしかいなかったんです。だから30万円を貸して一緒にハワイに。その翌年の4月にもＮＹに行ったり、なんやかんやで合計50万円。でも、その数ヵ月後にはブレイクして、とんでもなく忙しくなっていきました。そして、50万円も返済してくれました。

僕、いろんな芸人さんや友達にお金を貸しているんですが、基本的には全然返ってきません。でも「こいつ、人に金借りてるのに『特茶』飲んでるじゃん」とか、こっそり観察して楽しむのが好きなんですよね。

一番輝いているフワちゃんが見られるのは海外。まわりが日本人だとそこまでオープンになれないけれど、ハワイの人たちはみんな標準でフワちゃんくらいの陽気さなんですよ。カメラを向けたらフワちゃんと同じテンションで「イエ~イ!」ってやってくれるから、海外にいるときのフワちゃんは全員と〝マブ状態〟です。

あと、怒られることが大嫌い。他の人は「外でそんなに騒いで、恥ずかしいよ!」とか言うけど、僕は基本的に誰に対しても怒らないし、ゆるいイエスマンとして接するので、フワちゃんもそれが楽だから遊んでくれていたんだと思います。

お笑い第7世代は〝お笑いマニア〟

お笑い第7世代は〝ナチュラルダイバーシティ感覚〟をもっていると感じることが多々あります。たとえば、四千頭身の3人のほのぼのして仲が良い感じは、見ているだけで楽しいと思いませんか？　先輩からの飲みの誘いは絶対というような縦社会や、暴力・体罰のある世界に育ってないようなゆるさがある。そして、嫌なことは無理してやらない。

芸人だけではありませんが、今の20代には「ナンバーワンよりもオンリーワン」という感覚が自然と備わっていると思います。だから、他人に対しての接し方も〝多様性がある〟という前提だし、偏りがちな価値観も日々アップデートしていく柔軟な感覚がある。

「人を傷つけない笑い」という言葉が生まれたように、いまどきの価値観を身につけていることで、安心して見ていられるという視聴者は多いのではないでしょうか。

お笑い第7世代の特徴をもうひとつ挙げるとしたら、めちゃくちゃお笑い好きが多いこと。『M-1甲子園』みたいな大会もあったから、学生お笑いの熱量もすごくあったし、霜降り明星もそこから出てきたように、NSC以外でもプロのルートが開けていたのも大きかったと思います。

それと、これまでの歴史のなかで、たぶん僕たちの世代が視聴者として一番〝お笑いのネタ〟を見ていると思うんです。学生時代にテレビでは『エンタの神様』や『爆笑レッドカーペット』のようなネタ番組が全盛期で、死ぬほどお笑いのパターンを見ていました。当時はレンタルDVDも全盛。『M-1グランプリ』や『ダウンタウンのごっつええ感じ』『ウッチャンナンチャンのやるならやらねば』など1990年代の作品、当時の人気芸人のコントライブもほとんどソフト化されていたので、お笑いマニアのような人が少なくありません。

一緒にYouTubeをやっている、東京の若手コント師のなかではかなり期待されているかが屋の二人も、完全にお笑いマニアタイプです。

いまは第7世代のターンだけど、その前には『爆笑レッドシアター』や『ピカルの定理』のターンがありました。いまでもバリバリ活躍されている方がいますし、解散されている方もいます。先人たちが作り上げたお笑いを幼少期から見て、それに憧れ、笑いの知識をマニアックに蓄積してきたいまの若い世代が、5年後、10年後、どうなっているかがとても楽しみです。

そのとき、みんなで生き残っていたら楽しいですが、もし第7世代だけで集まった番組が立て続けに終わっていったりすると、また状況は変わってきてしまうでしょう。僕もいくつかの番組で彼らと関わっているので、第7世代同士の座組みの面白さを発揮できたらいいいなと考えています。

僕自身、〝第7世代の裏方〟といわれることがあります。自分では意識していないつもりですが、第7世代たるセンスや価値観をもっているのかもしれません。怒ったりしないし、ゆるい感じに見られることが多いけれど、「どうせやるなら結果を出したい」とひっそり燃えているタイプです。

それは、絶対にテレビの世界で勝ってやるだとか、放送作家‐1グランプリで1位になりたいということではありません。

テレビでも、YouTubeでも、Netflixでも、面白そうなことができるならどこにでも行って結果を出したい。人に深く楽しんでもらえる、記憶に残るコンテンツを生み出したい。わかりやすくギラギラしているわけではないけど、心の中には青い炎が燃えています。

YouTubeで定点撮影が推奨される理由

YouTubeの動画は定点撮影が多いですよね。僕は定点が大好きで、テレビでも自分が仕切っていい現場だったら、なるべく定点にしたいです。

定点のいいところは、カメラマンの不在を感じさせられること。カメラをパン（視点移動）やズームするのはカメラマンのセンスによってしまうんですよね。「ここが面白いですよ」と見せられるのは醒めるし、自分で気づけたほうが楽しいはずなんです。もちろん、視聴者のリテラシーを問うことでもあるのですが、YouTuberと視聴者がダイレクトな関係性でいられることで、よりリアリティを感じられると思います。

「自分ツッコミ」のセンスがある人は強い

一人でやっているYouTuberだと、自分で撮った動画に自分ツッコミを入れる編集をすることがありますが、このセンスがある人は強いです。

例えば、「俺ってモテるからさ」といったセリフに対して「こいつウザっ」みたいなディスのテロップが入ったりする。自分自身をそこまで客観視してツッコミを入れるという手法は、他であまり見たことがない。いわゆる芸人さんのツッコミとはことなる、編集のテクニックなんです。特にその才能を感じるのは、DJ社長さんやカルマさんなど。ちょっと不良っぽい乱暴な言葉を使いながら自分をディスる。センスを感じます。

かが屋×白武ときお

座談会

キングオブコント２０１９ファイナリストとして一躍有名になったお笑いコンビ「かが屋」。メンバーの加賀翔、賀屋壮也はともに１９９３年生まれで、コンビ結成は２０１５年。霜降り明星、ハナコらと同じく「お笑い第7世代」に属する。白武はかが屋のYouTubeチャンネル「みんなのかが屋」に放送作家として参加し、お笑い界に新たな潮流を生み出している。白武とかが屋の３人が、「みんなのかが屋」の運営や、コロナ禍のなかで実施した無観客ライブについて語り合う。

出会いはTwitterのDMから

白武　僕は、2018年の夏頃にかが屋の存在を知りました。マセキ芸能社のYouTubeにネタ動画がアップされていて、あまりの面白さにその日に全部見てしまったんです。ずっと気になっていたので、その年の12月にTwitterで賀屋さんにメッセージを送り、恵比寿の居酒屋で会うことになったんですよね。

加賀　懐かしいですね。白武さんの存在は、僕らもずっと前から気付いていました。SunSet-TVの『Aマッソのゲラニチョビ』や『霜降り明星のパパユパユパユ』のエンドクレジットで見ていたので。

賀屋　あと、一時期ルームシェアしていたひつじねいりの細田からも「すげー稼いでいる同世代の放送作家がいる」と聞いていました。

白武　ライブシーンで芸を磨いている芸人さんはお金を稼ぐという意識では生活してないから、そういう基準からすれば、稼いでいることになるのかもしれませんが……（笑）。

加賀　だから最初会うときはすごく緊張しましたよ。セントジェームスのオシャレなカットソーとか着ていたので、うわ、めっちゃ業界人っぽいって。あまり気持ちが表情に出る人じゃなかったので、どう思われているのかなと不安もありました。

賀屋　オーディションとかでもコスりまくっていた僕らの結成秘話とかも、全部ぶちまけましたよね。

白武　そうそう、昔の恋愛話とかも聞かせてもらって。想像していたよりも二人が優しかったのが印象的でした。芸人さんが標準装備している、ある種の意地悪さを、大幅に下回っていた。打算的な感じがまったくなくて、優しい人たちだなと思いました。

加賀　僕らが何言っても、「えーっ！」って驚いてましたよね。

白武　これまで出会ってきた芸人さんの多くは「モテればモテるほどよい」という感じだったんですが、加賀くんは一人の恋人を10年以上愛し続けていたり……何か違うものを感じたんです。

加賀　でも、第7世代って、そういう人多くないですか？

白武　お笑いに限らず、今の20代は全体的にマジメかもしれない。それで、初対面のときに「何か一緒にやりたいですね」とお話しして、2019年7月にYouTubeチャンネル「みんなのかが屋」を開設。渋谷のガーデンカフェで映像作家の柿沼キヨシさんも交えて4人で話し合って、二人がネタを作る過程を生配信で見せたら面白いんじゃないかということになったんです。視聴者にもコメントで一緒に考えてもらいながら、15分で1本コント作るっていう。

加賀　これは無理ってわかっているから、逆にやってみようって思いました。やってみたらどうなるんだろうって思いながら、OKしたんです。

賀屋　最初は「ヤバいこと言うな」と思ってたんですけどね（笑）。当初は30分で1本って話していたのに、最終的に15分で1本になってしまった。いま思うと、ゲーム性もあって見ている人が飽きない時間ですね。

白武　テンポよく見られたらいいなと思ったんです。

『ワイドナショー』で味わった敗北の涙

加賀　放送作家の人と一緒に仕事をするのは初めてだったので、こんなに企画を考えてくれるのかって感動しました。僕らが乗る船を一緒に作ってくれている感じで、すごくありがたかったし、楽しかったですね。

白武　あ、船長発言が出ましたね。加賀くんはすぐ船長ぶりますから（笑）。でも実際、僕は航海士として、「この先にお宝がございますけど船長どうしますか？」って案内している感じです。

賀屋　いやいや、そんなことないですって。最初に収録した時は、めちゃめちゃ楽しかったで

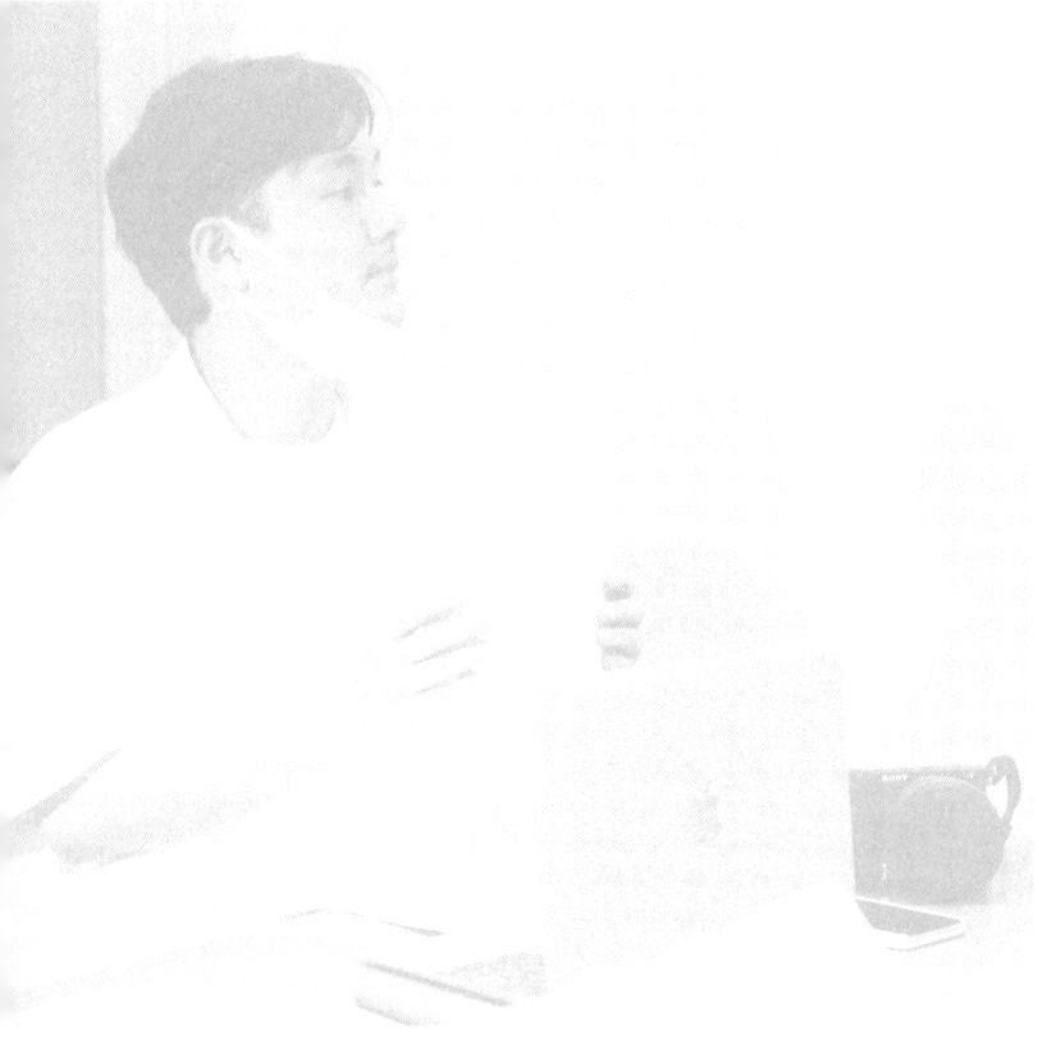

す。生配信だから、切羽詰まっている状態でなんとかしなきゃいけない。でも、視聴者からコメントでアイデアもらいながら考えるので、少し負担が減るんですよね。

白武　1回目の収録のあと、二人がガッチリ握手していたのを覚えてますよ。

賀屋　そんなスラムダンクのラストシーンみたいなことしてましたっけ？　高揚感はすごくありましたけど……。

白武　してましたよ。いまでこそ芸人さんがネットで生配信をするのも珍しくないけど、当時はYouTubeだとやってる人が少なかった。

加賀　テレビにはまだほとんど出ていない時期で、反響が大きくてちょっと成功した雰囲気になって。

白武　そしたらフジテレビ『ワイドナショー』で「視聴者が取り上げてほしいニュース」として『みんなのかが屋』の名前が挙がったんです。これにはびっくりしましたね。

賀屋　視聴者千人と一緒にコントを作るお笑い芸人として取り上げてくださって。それでスタジオで生でコントを15分で作ることになったんです。一生懸命やったんですが、本当にガチガチになって、大失敗したんですよね。放送されたら芸人生命を失うっていうぐらい。

白武　松本人志さんや東野幸治さんに会うのも

初めてですもんね。
加賀　終わって、気付いたらスタジオの隅でめちゃめちゃ泣きました。音が漏れたらいけないので、シクシク音が聞こえないように、お腹だけで泣いた。
賀屋　加賀くんが泣くことはいままでもよくあったので、「また泣いてら〜」と思ってたら、僕もめちゃめちゃ涙出てきたんですよね。
白武　でも、それを救うかのように、急遽生放送に切り替わって、かが屋のコントはお蔵入りになりました。
加賀　そうなんです。生放送の最後で、東野さんが「かが屋はお蔵入りになったけど、救われたんちゃうか」みたいに言ってくださって。スベっているのを見られるのはキツイけど、スベってたって言われるのは大丈夫じゃないですか。その放送をきっかけにかが屋の名前を調べてくれた人も多かったみたいです。本当に本当に申し訳ないんですが、神はいる、って正直思いました(笑)。

コロナ禍で生まれた無観客ライブ

白武　YouTubeチャンネルの収録3回目では、ダルビッシュ有さんからコメントが来ました。
賀屋　ダルビッシュさんがTwitterで「かが屋っていうお笑い芸人おもろすぎ」ってツイートしてくださっていたんです。それで、「ダルビッシュ有も絶賛」なんていう紹介コメントもあったんですが、まさか本人が来るとは思わなかったので、めちゃくちゃびっくりしました。ダルビッシュさんの名前が出たらコメント欄がザワザワし始めて、全部もっていかれましたが。
白武　そういう、予定調和ではない、予測のできない面白さがYouTubeライブにはありますよね。ラジオだと面白いハガキしか読まれないけど、YouTubeライブはすべてのコメントが表示されるので、全体の温度感がよくわかる。かが屋のチャンネルはお笑い好きな視聴者が集まるので、アイデアも面白いものがたくさん出てきます。
加賀　カンの鋭い視聴者が多いですよね。
白武　1回ずつ何か新しいエッセンスを入れながら作っていきましたね。ライブ形式だったり、グッズ販売だったり。あと、オールナイトでアーカイブを販売するとか。夜にドライブしながら、ライブの出番待ちしている芸人を呼び出したり。
賀屋　地方のスポットで生配信する「みんなのかが屋＠あなたの県」もやっています。YouTubeの配信後に、北陸朝日放送さんでオンエアしていただくなど、新しい試みでした。僕たちはとにかくなんでもやってみたいと思っているので、すごく楽しかった。何があっても、『ワイドナ』よりスベることはないですからね（笑）。
白武　地域差なくコントを届けたいっていう二人の気持ちに乗っかって、企画が成立したんですよ。3月には無観客ライブもやりましたね。コロナの影響でライブができなくなったけど、無観客でやったら面白いんじゃないかなって。

加賀　その打ち合わせも途中から対面ではできなくなっちゃったから、リモートでしたね。応援してくれる人がたくさんいて、ありがたかったです。無観客ライブは2回、その後zoomを使って、お笑い芸人10人を集めて「コントクイ

ズ王決定戦」をやりました。

白武　過去のお笑い番組で披露されたコントをどれだけ知っているか、芸人たちの知識を競ったわけです。

加賀　僕たちに加えて、空気階段の水川かたまり、ザ・マミィの林田、Gパンパンダの星野、寺田寛明、まんじゅう大帝国の田中、レインボー・ジャンボたかお、わらふぢなるおの口笛なるお、『水曜日のダウンタウン』のお笑いクイズ王決定戦で準優勝された鴨澤創平さん。お笑いマニアがたくさん集まりました。

賀屋　やってみるとみんな鬼のように詳しくて、上には上がいるなと……。

白武　マニアの領域に入ってました。「バナナマンのコントに出てくるフォークデュオは『赤えんぴつ』ですが、そのメンバーは『おーちゃん』と誰？」とか。

賀屋　昔テレビで見てこびりついてた残像を頼りに答えてましたからね。

時代のニーズにハマるお笑い第7世代

白武　二人とも、映画をよく見てますよね。いわゆる名作とかベスト100みたいなものは網羅しているから、共通言語として成立する。

加賀　同世代というのは大きいですね。

賀屋　白武さんとは見てきたものが似ているし、考え方もそれほど遠くない気がします。お笑いが好きなら、マンガや映画の趣味も、どこか似ているところがあるんじゃないかな。

白武　これは知っているかな、これは知らないかもな？って気を使わないで済むし、あの作品のあの俳優さんみたいな感じでやろう、ってたとえ話もしやすいんです。

加賀　7月、8月にはテレビ朝日の若いディレクターさんが中心となって企画したコント番組があるんですが、「みんなのかが屋」でやっていることがつながればいいなと。

白武　40代の芸人さんがテレビを引っ張っていっているけど、20代の芸人はそこから見るとだいぶ年が離れているから、かわいがられますよね。それに、テレビ的にも若い人に見てもらえる番組のほうがいい。『有吉の壁』を筆頭に、楽しく見られるネタ番組も好調です。第7世代はそういうニーズにうまくはまっていて、誘いやすい、声かけやすい。

賀屋　笑って楽しく見られるものを作りたいねって話して、YouTubeを始めて、テレビ番組もやらせてもらえるようになって。嬉しいですね。

白武　やっぱりかが屋のコントの凄さが伝わっているんでしょうね。見ている人が「これで笑える自分、センスいいな」って錯覚させられているような……。

加賀　そんなこと言われると、今度から読解力をくすぐるようなことをしないとって思っちゃいます。

賀屋　白武さんと一緒にいると、お笑い芸人にとって放送作家さんは絶対必要な存在だと思います。自分たちだけでは、そこまで大量の企画は絶対考えられないですもん。先輩に、「放送作家って何しているんだろう」って言う人がいて、めっちゃモメたことありますよ(笑)。

白武　実際にネタを面白くできる芸人さんが凄いんですよ。だから二人は凄いんです。コント界を引っ張っていくコンビだから。バナナマンさんと作家のオークラさんみたいな、芸人さんと放送作家の20年来の付き合いとか憧れてるんですよね。僕も二人が40歳、50歳になったときの活躍を早く見たいと思ってます。

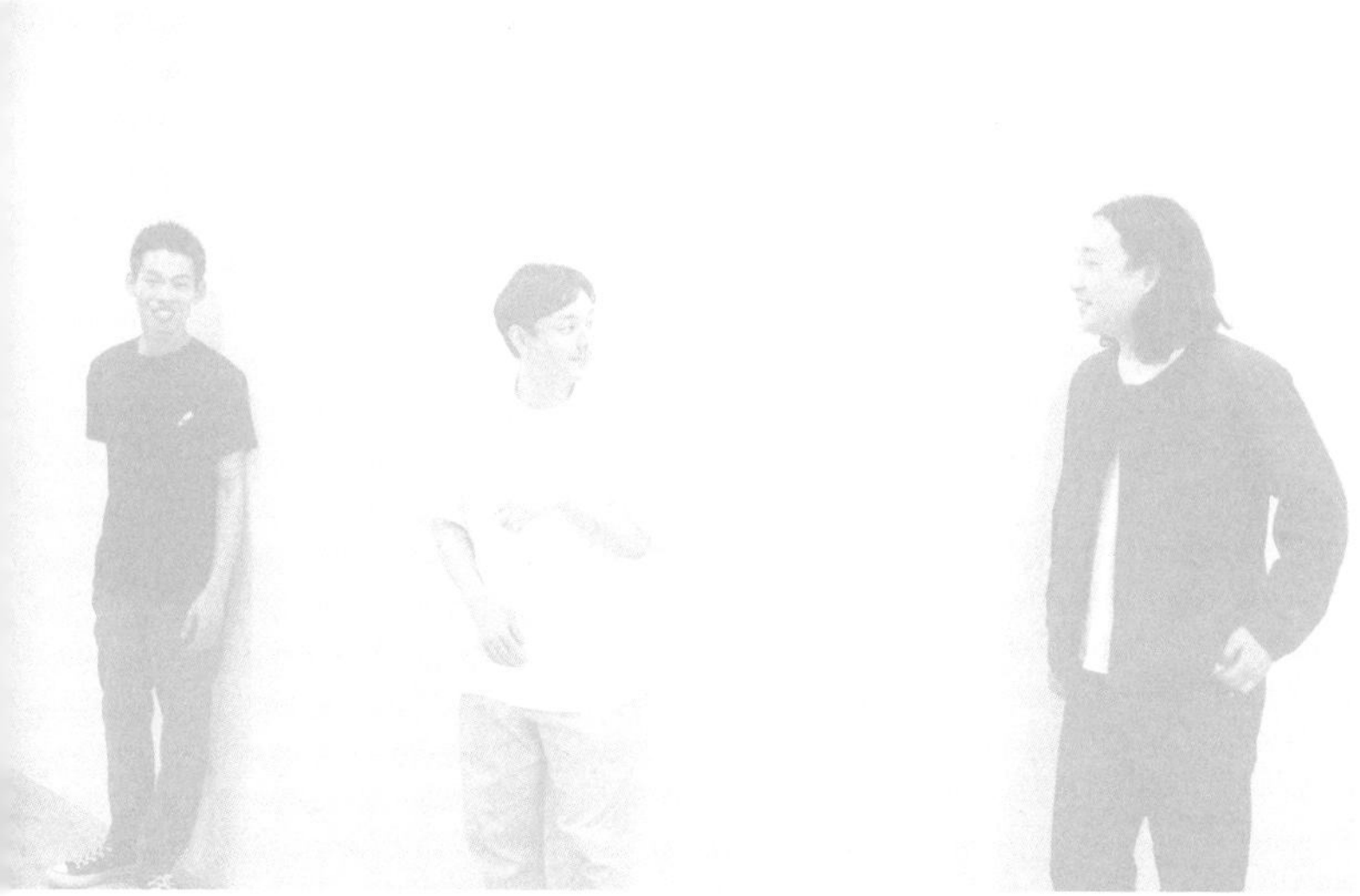

photo／石垣星児

第3章

テレビは時代遅れか？という議論には意味がない

□テレビとYouTubeには媒体としての違いが多い
□TVerのランキングが重要視されている
□地上波、TVer、YouTubeで視聴者との接触点を増やす
□価値観のアップデートにはSNSが必須
□テレビも〝裏方〟の顔が見えたほうがいい

テレビとYouTubeの違い（いまのところ）

YouTubeとテレビには、メディアとしてどのような違いがあるのかよく聞かれます。いまの時点ではたくさん違うところがあるけれど、もしかしたら、今後どんどん近づいていくかもしれません。

まずは構造の違いについて比較してみます。

テレビの強みは、電源を入れればなにかしらの番組が流れていて、しかも6つのチャンネル数に選択肢が絞られていること。ザッピングする人もたくさんいるので、偶然視聴されるチャンスも多くあります。

YouTubeは、見たいときに見たいものを楽しめるシステムですが、最初のきっかけが必要です。作り手の立場からすると、YouTubeのチャンネルは視聴者に能動的に検索して探してもらい、見つけてもらう必要があります。動画をクリックしてもらうために、タイトルやサムネイルを工夫したり、あるいはSNSなど別の場所で話題を作ったりしなければなりません。YouTubeには急上昇動画を一覧で見せてくれるページがあるので、そこのランクインを目指すのもひとつの手です。

テレビでは視聴率が1%だとしても、膨大な人数が見ていることになります。ですから、初見の視聴者でもわかりやすいように作るのがセオリー。YouTubeも丁寧に作っている方はいますが、テレビに比べ、「わかる人にだけ向けて作る」ことがやりやすい点が特徴的です。

テレビには膨大なスポンサーがいます。スポンサーのお金で番組を制作しているので、いかにCMを見てもらうかということが重要になる。だから「わかる人にだけわかればいい」「数字よりも面白いことを優先する」というスタンスでは、なかなかうまくいきません。視聴者との共通言語が獲得できていると信じて、余計な説明をはぶいて見せるということに、なかなか踏み切れないのです。

一方、YouTubeは自分たちで勝手に作って、勝手に配信しているので、YouTubeのルールを守った内容であれば、それが面白くなくても、わかりにくくても、数字をとれなくても構いません。

だからこそ、自分たちが好きなことをフルスイングで視聴者に届けることができるのです。

『オールスター感謝祭』はYouTubeではできない

次に、制作手順の違いについて。

テレビの場合は、まず予算と枠を軸に考えます。テレビ局が枠に対して企画を募集して、編成が選んだ企画を作るのがスタンダードです。たまに「この人でやってください」と、出演者ありきで考えるケースもありますが、基本的には予算と枠が先です。YouTubeは、基本的に予算ゼロからのスタート。持ち出しで始めて、現在のルールだと、千人の登録者と4千時間の再生時間を突破しなければ収益化できません。確実なマネタイズが見えているものではないのです。

スタッフの数にも圧倒的な差があります。

テレビは深夜番組でも、作家、ディレクター、プロデューサー、AD、照明、音声など50人以上で構成されることも。

YouTubeだったら、僕は演者もスタッフも最小人数で撮るのがよいと思っています。動画を編集するスタッフは別にいてもいいのですが、コアメンバーの仲が良い感じ、プライベートな感じが伝わると、そのチャンネルにファンが集まってくると考えています。YouTubeにおいては、〝密〟が大事。

画面の大きさにも違いがあります。

基本的にテレビの画面は大きいので、『アメトーーク！』のように出演者が多い番組でも、それぞれの顔がちゃんとわかる。豪華なセットを建てて、大勢の人が集まって、複数台のカメラを切り替えて見せていくということができます。

YouTubeはスマホ視聴が圧倒的に多いので、小さい画面で見られることがほとんどです。僕が撮る場合には画面内が3人以下になるよう心がけています。画面が小さいと表情の判別がつきにくいので、規模の大きなことはやりづらいんですよね。

『アメトーーク!』や、『ダウンタウンのガキの使いやあらへんで!』の「笑ってはいけない」シリーズなどは、出演者の表情が大事なので、テレビで見たほうが面白いと思います。

一方で、『相席食堂』や『マツコの知らない世界』は、出演者が少なく、面白いことを言う人が決まっているので、スマホでも見やすい。

後述しますが、テレビ番組の無料配信サービス「TVer《ティーバー》」でこれらの番組が人気なのも、そこに理由があるのかもしれません。

ただ、スタジオにセットを建ててやるような大きな企画は、まだテレビの予算感でなければ成立しない。テレビには、テレビでしか作れない楽しさや面白さがあります。

たとえば、百数十人の芸能人が一堂に会する『オールスター感謝祭』のような大規模番組は、いまのところYouTubeで成立させているモデルケースはありません。あのパブリックなお祭り感こそ、テレビならではの面白さ。コンテンツの住み分けを考えるのに、わかりやすい例ではないでしょうか。

EXIT・兼近の本音力

1月30日に放送された『アメトーーク！』の「今年が大事芸人2020」で、EXITの兼近大樹さんが「テレビの収録は長すぎてしんどい、今はYouTubeが一番楽しい」と発言していて、話題になりました。

あまりにもリアルな本音。それを『アメトーーク！』というテレビの最前線で言ったことにインパクトがありました。彼の素直さであり、多くの人から愛されるピュアな一面だと思います。

「わけのわからない人たちの話とか聞いても放送されるのは一瞬」「ワイプ芸が大事とか意味わかんない」と語っていたことからもわかるように、数多くのテレビバラエティに出るなかでの葛藤があると思います。自分のセンスの出しどころがない、自分がやりたいことではなくてもやらなければいけない。しかし、視聴者は楽しませたい。

テレビには、どうしてもコスパが悪い収録があります。収録時間が長く、出演者のうまみも少ない。さらに、近年は制作予算が圧縮され、ギャラも減ってきている。「この衝撃映像、もう何回も見た」「なんでこんな知らない人の弱いエピソードに笑いのエッセンスを加えなきゃいけないんだ」と、満足感を得られない出演者もいることでしょう。

逆に、そこで面白い番組にしようとポジティブに参加し続けられる人には仕事が殺到します。この番組なら自分の人生を賭けようと思える番組やスタッフに出会っている人もたくさんいます。向き・不向きや、人との出会いも関係あるでしょう。

最初はなんとなくテレビのなかに夢を見てやってきて、そのポジションを手に入れたものの、思ったより楽しくないし、自分の評価として蓄積されていかない。

だったら、YouTubeにネタを上げ続けるほうが、何かが積み上がっていくと考える出演者も増えています。自ら発信できる時代なので、自分でコントロールが利くものにやりがいを感じる人も。〝作ること〟が好きな人は、その傾向が強いように思います。

純粋な「お笑いバラエティ」は今後増えるのか？

『とんねるずのみなさんのおかげでした』や『めちゃ×2イケてるッ！』のような、〝ザ・お笑いバラエティ〟な番組が消滅したり、ネタ番組やコント番組がなくなったり。2010年代は純粋なお笑いバラエティのパワーが失われていき、閉塞感がありました。

そういった番組が減ってきた理由のひとつに、少子高齢化の影響があります。テレビは視聴率至上主義なので、人口ピラミッドが逆ひょうたん型になっている以上、どうしても上の世代に向けて球を投げたほうが視聴率がとれる。

本当は若い世代や自分たちと同世代の人たちに向かって球を放りたいのに、ただ笑える番組よりも、タメになる番組が求められる傾向にありました。


ただし、その潮目も変わりつつあります。

スポンサーは全体の数字よりも、消費の中心であるファミリー層や流行に敏感な若者層の視聴者を獲得することにもっと価値があると認識しはじめました。第2章でも書いたように、日本テレビは数年前から、全年代の視聴者よりも20代から40代のゾーンの視聴率を取っていこうと完全に方針転換しました。

なので、局内の視聴率の張り紙も、20代から40代ゾーン、いわゆる「コア層」の視聴率を張り出しています。

最近でいえば、『有吉の壁』をゴールデンでレギュラー化したこともその一環でしょう。もしこの方針が成功すれば、これから少しずつ地上波のゴールデンタイムに若者向けの番組が増えていくかもしれません。

テレビの構造の変化――TVerを携えて

テレビは斜陽産業だ、時代遅れで面白くない、若い人はそもそもテレビを持っていない……と議論されている企画をしばしば見かけます。

しかし、それは的外れではないかと思います。テレビ番組は、いろんなプラットフォームに越境していて、スマホでもPCでも、YouTubeでもNetflixでもAmazonプライムでも見られる。

テレビをお茶の間で楽しむ人は減っているかもしれませんが、実際にテレビ番組が見られている総数は、計り知れないのです。

在京民放5社が運営している「TVer」という民放公式テレビポータルサイトがあります。2015年にローンチされて、各局の好きな番組を、好きな時に、好きな場所で、好きなデバイスで、自由に視聴できるテレビの新しいスタイルとして人気を集めています。

僕が構成を担当している静岡朝日テレビの『霜降り明星のあてみなげ』は、北海道ローカルだった『水曜どうでしょう』のように、まずは地元で火がついて、そこからネットを介していろんなところに広がっていけばいいなと、番組が始まる前には思い描いていました。

ところが、いまはTVerのおかげで、地方局の番組であっても、地上波での放送終了後すぐに全国どこにいても見られるようになりました。人気番組となった千鳥さんの『相席食堂』も、大阪の朝日放送テレビのレギュラー番組です。

ネットワークが増えていくことはとてもよいことです。特に地方で番組制作をしている人たちにとっては、かなりのメリット。担当番組が他県でも人気になる喜びは計り知れません。

テレビ局としてもTVerの成長は見逃せないところです。いままでは視聴率だけを判断基準としてやってきましたが、最近はTVerのランキングもかなり重要視されています。

再生数などのデータは公開されていませんが、だいたいひとつの番組で30万回再生されれば成功とされます。上白石萌音さんと佐藤健さんが主演したドラマ『恋はつづくよどこまでも』は、1話あたり300万回以上も再生されていたそう。

数字だけで見ると、毎日300万回再生されている人気YouTuberのほうが凄いように思えるかもしれませんが、TVerは通常のテレビと同じように15秒、30秒とスキップ不可のCMが入っているため、YouTubeとは比べ物にならないくらい広告価値が高い。

いまのところ『ロンドンハーツ』『相席食堂』『ゴッドタン』『マツコの知らない世界』あたりがTVerのバラエティ動画のトップですが、このランキングがより重要視されていくことで、今後の番組制作にも影響が出てくるでしょう。

TVerは「テレビの最強兵器」になり得るか？

2020年7月現在、TVerにはほとんどオリジナルコンテンツがありません。それは、見逃し配信というところに一番のプライオリティを置いているから。実際、アーカイブも1～2週間しか残らないんです。ただ、そこが変わってくるとまた次のステップも見えてくるような気がします。

たとえばTVerで、テレビでは放送しにくい〝スピンオフ企画〟を配信できるようになれば、それを目当てに新たなお客さんを呼び込むことができるはず。

『ロンドンハーツ』がABEMAで、かつての過激ドッキリ企画「ザ・トライアングル」を8年ぶりに復活させましたが、ウェブのコンプライアンス基準を活かして、TVerでも地上波では見られないオリジナルコンテンツが作れたらいいなと思います。

『週刊少年ジャンプ』で連載されている漫画にも、本誌、単行本、アニメといった具合に、3つの楽しみ方がありますよね。TVerでもそれと同じことがやれると思うんです。

まずTVerでオリジナルを流して、次に地上波、YouTubeという流れを作ることができれば、いろんなポイントで視聴者との接触が図れる。

『あいのり』は、Netflixで先出ししてからフジテレビでオンエアして、その後YouTubeにアナザー動画を出しているシーズンもあります。

今後は、日本もアメリカのようにケーブルテレビ規模のチャンネルが細かくあるような状態になっていくはずなので、どんなコンテンツを作って、どこで視聴者にアクセスしてもらうかを、包括的に考えていかなければなりません。

すでに、中京テレビの『太田上田』や『オードリーさん、ぜひ会ってほしい人がいるんです。』などの番組は、YouTubeにアーカイブをふんだんにアップしていて、再生回数もめざましい。

今はとにかくYouTubeに視聴者が滞在しているので、そこで動画が見られる状態になっていると、視聴層がかなり広がっていくなと感じています。

海外ではケーブルテレビのチャンネルがYouTube化し始めていますが、テレビ局にとっても、いまはチャンスだと思います。「ディスカバリーチャンネル」のように、YouTubeチャンネルとしてそのブランドを成立させることができるようになれば、間違いなく新たなターンに入ってくるはず。

フットワークが軽いテレビ局ならば、番組のYouTubeチャンネル化の先行者利益を得るために、トライする価値があるのではないかと思います。

テレビ局の課題は
コンテンツメーカーになる覚悟があるか

章のはじめに、これからYouTubeとテレビは差がなくなっていくかもしれないと書きました。

民放キー5局は、2020年秋からテレビ番組を放送と同時にインターネット配信する準備をしています。これは、NHKが同年3月1日に開始したネット同時配信サービスの「NHKプラス」に追随するもので、テレビ離れをしているとされる若者層を中心に、スマートフォンなどのデバイスで広く番組を見てもらうことを目的としているそうです。

テレビ以外のデバイスでの視聴を前提とするようになれば、もちろんテレビの作り方にも変化が出てきます。

たとえば、「テレビのスタイルで制作はするけど、配信先はYouTube」ということも十分にあり得ます。

現状のYouTubeでは、チャンネルそのもののファンというより、そのチャンネルをやっている個人やグループにファンがついています。たとえると「千原兄弟」というコンビに人気がついているという状態。

ですが、「ジュニア小籔フット」のような形で、仮に「にけつッ!!チャンネル」や「すべらない話チャンネル」といった芸能人同士の座組みや番組単位でのチャンネルが成立しはじめれば、YouTubeのなかにテレビ番組のようなものがたくさん存在する未来がやってくるかもしれません。

すでにYouTuberでは、はじめしゃちょーは自分のチャンネルのほか、数人の仲間とやっている「はじめしゃちょーの畑」を持っていますし、東海オンエアのしばゆーさんは、パートナーのあやなんさんと「しばなんチャンネル」を配信しています。

今後、芸能人はテレビのレギュラー本数のように、YouTubeのレギュラーチャンネルをいくつ抱えているかが、人気のバロメーターになってくるかもしれません。

芸能人たちが自前で動画を配信できるようになると、テレビ局はなんのためにあるのか？という疑問が生まれます。

放送免許をもっているということは、いろんな人に向けて電波を流せるということではあるものの、リモコンにNetflixやABEMA、Huluなんてボタンがつくようになってくれば、多くの選択肢のうちのひとつにしかすぎなくなります。

そうなったときに、どこで戦うかといえば、結局のところは知的財産を開発しないといけない。テレビ局はいま、プラットフォームとしての人気も維持しながら、コンテンツメーカーとしていかに未来を戦っていくかの、選択を突き付けられているのです。

これまでは、自社で独自のプラットフォームを作って広告をつけたほうが収益が高いと踏んで挑戦するメディアがたくさんありました。しかし、やはりそれではうまくいかない。YouTubeやNetflixなどの強大なプラットフォームに負けて、お客さんが離れていってしまうのです。

プラットフォームは、勝ち残るのが非常に難しい。多くの場合、1社独占状態に近づいていきます。Googleの検索エンジンで検索されればされるほど、データが集まり、精度が高くなる。

コミュニケーションアプリならLINE、買い物はAmazon、そしてスマホはiPhone。テレビ局も各社が独自のプラットフォームに挑戦していますが、やはり5局が手を組んだTVerが圧倒的に見られています。

テレビ局は今、「我々はテレビ局だ！」というプライドを捨ててでも、テレビという媒体以外の領域でコンテンツメーカーになろうという覚悟があるか否かが試されているように思います。

SNSに最適化した番組が勝つ？

Netflixや Amazonプライム・ビデオといった動画配信サービスが普及したことにより、TSUTAYAにDVDを借りにいかなくても、大量のアーカイブをいつでも簡単に見られる時代になりました。僕はなんでも見るコンテンツオタクなので嬉しい限りですが、普通に暇つぶしのためになにかを見たいという人にとってはキリがないというか、選択肢が広がりすぎている側面もあると思います。

そこでなにを視聴するかの指標になるのが、〝口コミ〟です。Netflixの『全裸監督』や『ストレンジャー・シングス』、2020年上半期で言えば『梨泰院クラス』『愛の不時着』といった話題作が生まれると、友達と共有するために、それぞれがビンジ・ウォッチング（イッキ見）しますよね。

TVerのランキングを見ても、『相席食堂』や『恋はつづくよどこまでも』のように、盛り上がっているものが、さらに輪をかけて盛り上がるようになっている。いまはコンテンツがものすごく瞬間的に消費されていますが、今後もその傾向は顕著になっていくでしょう。

見逃し配信やデジタルデバイスでの繰り返し視聴などになじみのない高齢世代からすれば、テレビ朝日系の『科捜研の女』や『ドクターX〜外科医・大門未知子〜』といった、水戸黄門のような一話完結のシリーズドラマは安心して見られるので、いまだに高い人気を誇っています。

一方、若者の間で『テセウスの船』や『あなたの番です』のような謎解きミステリードラマが人気になったのは、犯人探しをさせることで話題化に成功したからです。『あなたの番です』は、Huluでオリジナルストーリー『扉の向こう』を流して考察を過熱させたこともブームの一因になったと思います。また、同様に『3年A組-今から皆さんは、人質です-』も、スピンオフとして3年A組の生徒たちの日常を追いかける映像をYouTubeに公開し、100万回再生を連発していました。

『ワンピース』や『新世紀エヴァンゲリオン』など、謎や伏線が散りばめられた作品は、ネットで議論の的になり、好きな人はとことんのめり込みます。SNSやスピンオフ動画をうまく連動させて、視聴者の熱を高めていくコンテンツの作り方は、これからも増えていくはずです。

バラエティでも『有吉の壁』がネタごとに動画を切り分けて、短尺で面白い動画を量産しています。日本テレビは、そういったネットを巻き込んだ番組作りに成功しているといえますね。

他の局に目を移すと、『家事ヤロウ!!!』というバラエティ番組は、番組内で紹介したレシピなどを投稿するインスタグラムの公式アカウントで人気を集めています。2020年7月現在でフォロワー数が94万人。テレビ番組の公式アカウントは多々ありますが、この数値は凄まじいものです。

もちろん予告編など、従来の公式アカウントらしい投稿もありますが、ほとんどがインスタに最適化されたレシピ紹介や、番組と連動したインスタライブの配信など。番組への視聴者の誘導をSNSから作ったり、SNSでより番組のファンにさせていったりする能力が圧倒的に高いと思い知らされます。

こういったネットの使い方は、今後のテレビマンに求められる、新たな資質のひとつになっていくことでしょう。

テレ東が大人気。しかし……

学生の就職先企業ランキングにおいて、かつて花形産業といわれたテレビ業界は、ここ数年で人気を落としているそうです。企業の採用などを支援する株式会社ワークス・ジャパンの調査によると、２０２１年３月に大学と大学院を卒業・修了予定の学生の希望就職先人気ランキングで、上位１００位以内に入ったテレビ局は、51位のテレビ東京と61位のＮＨＫの２社だけでした。

最近では、テレビとインターネットの広告費が逆転するなど、テレビ界に対する斜陽なイメージがこのような結果につながっているのかもしれません。

このランキングで僕が注目したいのは、テレビ東京が初めて全テレビ局のなかで就職したい１位になったこと。

かつてはキー局4位になった民放局から「振り向けばテレ東」と揶揄されていたテレビ東京。それなのになぜ、若者の憧れになったのでしょうか。

それはおそらく、ドラマ24枠のような独創的な深夜ドラマを制作していることや、『家、ついていってイイですか?』『Youは何しに日本へ?』など、ワンコンセプトでわかりやすく、かつスタッフが汗をかいていることが視聴者に伝わる番組が多いこと。さらに、テレ東のプロデューサーなのに『オールナイトニッポン0(ZERO)』でラジオパーソナリティーを務める佐久間宣行さんなどスター局員の存在も、若者にとって魅力的ですよね。

実際のところはどうかというと、テレビ制作の現場では、常に面白いことが起こっています。僕自身は、テレビに元気がない、つまらなくなった、とは思っていません。魅力的な番組はたくさんあるし、日本のテレビバラエティの制作能力は本当に高いと思っています。

とはいえ、ビジネスの面からすると、転換点を迎えているのは事実。制作費は年々削られていき、フォーマット販売やライブ動員が見込めるテレビ外収入を求められる企画募集が多くなってきています。

新卒入社したフジテレビを退社し、台湾を拠点に活動するYouTubeチャンネル「三原JAPAN」で大成功を収めている三原慧悟さんや、TBS局員の二人が退社し開設した「あるごめとりい」など、テレビ局を辞めてYouTuberになった例がいくつかあります。

ネットのコンテンツの煽《あお》り文句によくある「テレビではできない」という触れ込みはあまり好きではないけれど、たまに運悪く〝守り〟に入ったプロデューサーが担当になると、コンプライアンスを盾に面白い案が削られていくことがあります。YouTubeもクリーンなコンテンツでないと広告収益がつかないように、年々コンプライアンスが厳格化されてきていますが、それでもまだ個人の裁量で許されることは多い。

関わる人数が多いテレビは〝チェック機能〟も多いのですが、YouTubeはヘタしたら自分一人なんてことも。それだけに、自分でブレーキを踏める客観性は必要になりますが、ある程度自由にやりたいことができるということは、若手テレビマンにとって魅力的なのだと思います。

実際、自分が面白いと思ってやったことに、視聴者からの反響があると嬉しいんです。手応えも得られます。

でも、テレビの世界では、数年間は一番下っ端の若手スタッフとして修行しないといけません。自分のクリエイティブで〝面白くできた〟という手応えを感じることは難しいかもしれない。

部活動の球拾い、美容師の床掃き、寿司職人の飯炊きのように、下支えの作業がたくさんあります。なかにはその作業が楽しくて、プラスアルファにできる人もいますが、その工夫ができず面白みを見出せない人も少なくありません。

放送作家も若手のうちはまったく使い物にならないので、リサーチ（調べもの）や、誰がやっても同じ結果になる作業を任されます。あまり楽しくもないし、やりがいが得られる作業でもないので、早く実践に出たい、現場感を味わいたいと思うのは当然です。

周囲では、延々と続くリサーチ作業が嫌で辞めていく人も多かった。なかには、検索のかけ方や資料の作り方で、リサーチ仕事でもクリエイティブを発揮して「あなたの資料は面白い」と、引き上げてもらえるパターンも存在するんですけどね。

なぜテレビは炎上してしまうのか

テレビ番組での芸能人の発言やＶＴＲの演出がネットで拡散され、〝炎上〟することが少なくありません。すべてが生放送というわけでもないのに、なぜテレビは炎上してしまうのでしょうか。

先ほども書いたように、テレビの制作現場にはチェック工程がたくさんあります。ディレクターが作ってきた映像を演出がチェックして、それをさらにプロデューサーがチェック。危なそうであれば、さらに局の法務部などの考査にも確認をするという多重チェックを通しています。

それにもかかわらず時代錯誤な炎上発言があとを絶たないのは、ひとえに、チェックする側の価値観が更新されていないから。もちろん、それは僕も含めて危険なところがあると思っています。

日々更新されていく世の中の新常識や、価値観の変化をつかむためには、SNSやネットニュースが不可欠。僕の場合はTwitterとYahoo!ニュースが生命線です。最近は、殺伐としたネットリンチのようなものが多く、見ていてつらくなることも多々ありますが、なるべくチェックするようにしています。

ちなみに、「100日後に死ぬワニ」も1日目からチェックしていましたが、もしTwitterをやってなかったら99日目の死ぬ間際にニュースで知って、一気見していたことでしょう。

差別問題やスキャンダルなど、SNSを使っていなければ届いてこない領域の問題はたくさんあります。もしSNSをやらずにNetflixとゲームだけの生活を続けていたら、「#Metoo」や「#Kutoo」という運動の存在すら知らなかったかもしれません。テレビにおいて「出演者の名前の隣に年齢を書くのは失礼だ」という声も、まったく知らずに生活していたと思います。

一方でSNSには、自分がフォローした、いわば偏った側の意見しか目にしにくい側面もあります。自分が好む論調や、波長が合う意見ばかりがタイムラインに現れてくる。だから、それらを鵜呑みにするのではなく、反対側の意見にも触れて自分で考えて、感性を磨いてアップデートしていく必要があります。

いま自分が関わっている番組で「これはよくない表現なんじゃないか?」「傷つく人がいるんじゃないか?」と思うようなことに気がつけたときは、きちんと発言して、止められる時は止めるようにしています。

でも、偉い人が「これで行く」と決めたら、正直、そのまま進んでしまうことも。結局は最終決定権をもつ偉い人の価値観で決まるので、その人がアップデートされていなければそのまま流れて、時には炎上してしまう。

僕も、過去には容姿をいじって笑いをとってみたり、パワハラ的な構図の企画を実行したことがあります。ルックスの美しさに基づくランキングや、「○○女子」という企画も考えました。でも、やってはいけないことでした。

「ずっとそうだったから」「深夜の番組だから」「劇場ライブだから」ということではありません。「炎上するから控える」のではなく、根本から自分の意識を変えていかないといけないのだと痛感しています。

もちろん差別やハラスメントは社会に生活するすべての人々に関わることですが、特にクリエイターにとっては、多様性を認めて様々な人に気配りができるか、旧来の価値観から更新した状態で仕事ができるかどうかが、今後のキャリアを決めると思っています。

これはNG、これはOKと、誰かが明確にルールを制定しなければ理解できない、受け身ではダメなんです。

テレビだって〝誰が面白くしているのか〟が気になる

テレビマンや裏方のスタッフが取材を受けたり、画面に出てきたりすることが増えています。たとえば『水曜日のダウンタウン』は、総合演出をしている藤井健太郎さんのセンスが色濃く出ているということを、コアな視聴者は認識している。

他にも、テレビ東京の『ゴッドタン』でおなじみの佐久間宣行さんはお笑い・ラジオ好きやサブカルな若者から圧倒的人気を集めていますし、『アメトーーク！』や『テレビ千鳥』『霜降りバラエティ』を手掛けるテレビ朝日の加地倫三さんなど、スタープロデューサーや演出家が担当している特番や新番組となれば、注目度が高まります。

視聴者は、自分で企画・撮影・編集を手掛けるYouTuberをクリエイターとして尊敬するように、テレビに対しても〝誰が面白くしているのか〟ということが気になっているのではないでしょうか。どんな人が、どういう思いで、どんな風に制作しているのか。道の駅で売っている野菜のように、生産者の顔や信念がわかると、より深く楽しめるのです。

『陸海空 こんな時間に地球征服するなんて』で一躍注目の人となったテレビ朝日のナスD（友寄隆英）さんは、「ナスDの大冒険YouTube版」を公開しています。まさに現地でしか見られないような動画をたくさんアーカイブしていて、テレビマン兼YouTuberとして、飛び抜けた存在です。

『ハイパーハードボイルドグルメリポート』の上出遼平さんも、極めて特殊な能力をもつディレクターです。一人でカメラを回して海外の危険な地域での食事を記録するという異常な番組なのですが、「放送できなかったヤバい飯」としてスピンオフ版をテレビ東京のYouTubeチャンネルにアップしています。同タイトルの本も面白いので、ぜひ読んでみてください。

あのレベルの取材力を身につけているディレクターであれば、個人のチャンネルでも大成功することでしょう。

フワちゃんは面白すぎるタレントが編集を覚えてYouTubeでバズり、テレビに出ていったという形ですが、ナスDさんや上出さんのように、裏方でありながら魅力的な出演者としてYouTubeに出ていくという流れは今後も増えていきそうです。

第4章

コロナ禍のエンタメ事情

- □〝投げ銭〟の認識が変化。お金をもらうのはダサくない
- □「リモートだからこそ面白い」企画が必要
- □YouTube、テレビの広告売上は従来の5～6割に
- □仲良し芸能人のコラボでテレビを超えていく
- □お金のニオイがしないインスタライブも熱い

お笑い界初の無観客ライブを配信

2020年の3月以降、新型コロナウイルスの影響でお笑いライブや営業イベントは軒並み中止になってしまいました。若手芸人にとっては、こういった仕事が生活の基盤でもあるので、とてもつらいことです。ライブの中止を聞いたとき、僕はそれを逆手にとって、劇場を借りて無観客でライブ配信をしようと考えました。

音楽ではBAD HOPさんやKREVAさん、あとは東京ガールズコレクションなどが、予定していた公演を早々に配信に切り替える決断をしていました。そこで、かが屋と相談して、3月4日にYouTube生配信「みんなのかが屋　無観客お笑いライブ」を開催することにしたんです。

お笑いではおそらく前例のない無観客ライブとあって、フジテレビやQJwebが取り上げてくれて、キャパ60人の劇場で、同時接続で2千人以上の視聴がありました。

普段はライブで食べている芸人さんがたくさん出演してくれたので、スーパーチャットというYouTubeの投げ銭機能と、グッズが作れるサイトSUZURIでの物販、noteのサポート機能の3本柱を用意して、ちょっとでも楽しいと思ってくれたらお好きな形で応援してください、という風にお願いしました。

視聴者の方もどうなるかわからない不安に包まれている時期だったと思うのですが、「こんな状況でもお笑いを届けてくれてありがとうございます」と、ファンの方々が応援してくださって、普段のライブの倍の収益がありました。もちろん、不測の事態だし、その一発目ということもあってみなさん協力してくれたのかなと思います。

通常のお笑いライブには、会場に来た人だけが楽しめるという秘匿性があります。そのよさがある一方で、東京にいないと見られないライブを、地方の人にも生配信で届けたいという気持ちが前からありました。

もともとYouTubeチャンネル「みんなのかが屋」では、２０１９年にライブの様子を生配信したことがあり、そのためのチームも完成していたので、今回の無観客ライブは、フットワークも軽く、スピードを持って実現できました。

その後もいくつか生配信をやったり、他のライブ配信を見たりして思ったのですが、コロナ禍で〝投げ銭〟の認識が少しずつ変わってきたように感じています。「みんなのかが屋」でも、初めてスーパーチャットをする方が多かったんですが、スマホならキャリア決済で、LINEのスタンプを買うくらい簡単に投げ銭ができるんです。

これまでは、アイドルのSHOWROOMや17liveなどに恋人感覚で投げて「ありがとう○○さん♡」といったリアクションをもらうようなイメージが強かったんですが、お笑いでそれはちょっとやりにくかった。

視聴者から直接お金をもらうことでイメージが崩れるかもしれない怖さや、媚びを売ってダサいと思われるおそれもありました。しかし、今回はどうにもライブができない事情があったので、それを大義名分に挑戦してみたら、意外と好意的にとらえてもらえたのです。

自粛期間の初期は、楽しみにしていたお客さんや演者のために、緊急事態だから無料で流すというケースが大半でした。確かに事務所規模ならばプロモーションという考え方もできますが、それだけだとどうしても疲弊していってしまう。

最近は、公演ごと・動画ごとに課金できるようなシステムも利用されつつあります。

ただ、YouTubeではこれができない。ここのルールが改定されれば、オンライン視聴という選択肢がもっと増えて、ライブだけでご飯を食べていける芸人さんがより増えるのではないかと思っています。

リモートだからこそ面白い企画とは

コロナ禍において、YouTubeとNetflixは存在感を高めています。自粛期間中はみんな在宅していたので、テレビの視聴率も上がりはしましたが、テレビ局は外でのロケや、スタジオ収録でも接触のある企画はできなくなり、再放送や過去の総集編に切り替えるケースが多かった。『野ブタ。をプロデュース』の再放送が好評だったように、過去の名作ドラマが見られるのはよいのですが、再放送をそのまま流すだけではスポンサーも納得しません。それだと広告費が少なくなってしまうので、どこか一部は追撮をしたりと工夫していました。

放送作家は、3月中旬から3ヵ月くらい、YouTubeでもテレビでも千本ノックのようにずっとリモート企画を求められていました。『王様のブランチ』『ヒルナンデス！』などは、リモート対応がかなり早かったのですが、リモートはトークの掛け合いがやはり難しい。4月のうちは新鮮に見ていられたものの、これがずっと続くと思うと制作するほうも大変です。

視聴者も大目に見てくれていたところはありますが、すぐに見慣れてしまうし、つまらないと感じてしまうと思う。「リモートだからこそ面白くなっている」という企画を考えないといけないんですよね。

それでいうと『有吉の壁』は特に面白かった。芸人たちが自宅でボケて、有吉さんと佐藤栞里さんがそれをリモートで見て笑う。いつも商店街や遊園地のロケ先でボケていたのですが、対有吉さんという構図のため、リモートでの掛け合いが発生せず、自宅で無茶をするという負荷もかかっていて秀逸でした。他にもお笑い番組やネタ番組など、コロナ禍の自粛期間中はシンプルに楽しい番組の視聴率が好調でした。

とにかく明るい安村さんの
バケツ芸は伝説に……

僕もかが屋とリモート企画をYouTubeで行いました。『みんなのかが屋』で芸人10人が自宅からリモートでつないで「漫才クイズ王」「コントクイズ王」など、お笑いの知識を競うクイズ企画です。

普段なら10人全員を1ヵ所に集めてのYouTubeの収録は、なかなかの労力がかかってできなかったと思います。しかし、芸人さんたちがzoomを使えるようになり、離れていてもそれぞれがビデオをつないで配信できるようになった。普通に外出できていたら、思いつかなかったやり方だと思います。

また、今後コロナが落ち着いたとしても、芸能人に求められる能力は変わってくるように感じています。リモート収録に一度慣れてしまったら、「別にスタジオに行かなくてもいいんじゃない?」という考え方が増えそうな気がするんですよね。会議も、普段からzoomでいいようなものは多数あります。

そんな状況になると、自分で配信や機材のセッティングができると話が早い。自粛期間のテレビ番組のMVPはフワちゃんだと思います。YouTuberならではの能力ですが、自分でセッティングができて、データも送信できる。機材にも強いし、一人でもテンションをあげて撮影ができるので、リモートの仕事がたくさん入ったのでしょう。一流のYouTuberがもつクリエイターの資質というものが、コロナ禍で求められた一番の能力かもしれません。

広告収入が5〜6割に落ち込む

4月に『星野源のオールナイトニッポン』が公式YouTubeを立ち上げました。これはなかなか衝撃的な出来事です。ラジオ業界としては、本音をいえばRadikoで聞いてほしいはずだと思うのですが、YouTubeへの無断アップロードが止まらない現状で、多くの人に公式に聞いてほしいということで実現したのだと思います。他の番組がどこまで追随していくかはわかりませんが、これからクリエイティブな仕事に関わっていく人は、リアルタイム性とアーカイブ性の価値を捉え、コントロールしていかなければなりません。

メディアとしての出しどころ、プラットフォームは増えていますが、どこでどうマネタイズするかというのも大きな問題です。どの業界もコロナで大きなダメージを受けていますが、広告に依拠しているテレビやYouTubeもなかなか厳しい状況にさらされています。企業が外にお金がでていかないよう広告費を削っているので、YouTubeは従来の5～6割に売上が落ち込んでいるそうです。

視聴者や視聴時間が増えるのはYouTubeにとってポジティブな材料と思われるかもしれませんが、実際は視聴数が伸びたからといってウハウハではありません。それしかやれることがないからみんなやるけど、このまま収益が減り続けていけば、なんのためにやっているのかわからない、とモチベーションが低下するクリエイターも多発すると思います。

広告収入に関しては、テレビも同様に落ち込んでいます。もしかしたら、これまでと同じようには番組が作れなくなるかもしれません。大物MCに払っていた1回数百万円の出演料が払えなくなれば、中堅や若手がMCを務める番組も増えてくるでしょう。テレビの構造自体に大きな影響が出てくるのではないでしょうか。

そうなったとき、東野幸治さんがYouTubeで「東野幸治の幻ラジオ」というラジオ配信をやっているように、自前でチャンネルを開設してミニマムな規模で配信をしていく芸能人は増えていくと思います。

芸能人は自分の頭のなかにある「面白いこと」や「個人的なこと」を見せたいけれど、テレビでそれができるのはほんの一握り。自分を発信する場のひとつとしてチャンネルを持ちたいと思うのは自然です。芸人でなくても、小嶋陽菜さんや川口春奈さん、佐藤健さんといった方々がYouTubeでプライベート映像を出しています。もはやこれらは、バラエティ番組でメイン級の引っ張りになるようなVTRです。好きなタイミングで、しかも自分の好きなように見せられる。自分のチャンネルならば、普段は見せない一面も出せるので強いのです。

オリジネイターにならなくてもいい

インターネットにはミームという文化があります。ざっくりといえば、「テンプレ」ネタのこと。たとえば、2019年には「#ボトルキャップチャレンジ」というタグが流行り、いろんな人たちがペットボトルキャップを回し蹴りで開封する動画を公開しました。ミームが広がるにつれて大喜利的な要素も出てくるので、流行りのネタは躊躇なく真似して構わないと思います。TikTokのダンスもそういう文化です。視聴者は〝この人がこのお題をやったらどうなるんだろう〟と有名人の参戦を期待しています。

コロナ禍で評価を上げたYouTuberと芸能人

この4月以降、芸能人のYouTube参入は本当に多かった。みなさん、間違いなくコロナ以前から準備を進めていたはずです。

そこで改めて感じたのは、ヒカキンさんとヒカルさんの凄さです。2018年くらいまでならば、トップYouTuberを追いかけていればYouTube全体を把握できていたけれど、いまやレッドオーシャン。多くの参入者で溢れかえるなかでも、ヒカキンさんやヒカルさんが中央集権的にYouTubeの話題の中心になっていることに、これまでの積み重ねの力を感じます。

ヒカキンさんは、「小池都知事にコロナのこと質問しまくってみた【ヒカキンTV】【新型コロナウイルス】」として、小池都知事に新型コロナ対策についてさまざまな質問をする動画を公開し、視聴者にメッセージを伝える正義のヒーローとしての役割を担っていました。

ヒカルさんはYouTubeコンサルという一面がハマっていると思います。芸能人たちが「始めようと思うんだけど」という振りの段階から見せてくれるから、幕上がりしていく様子が見られて視聴者も楽しい。「ヒカルとコラボすればよいスタートダッシュを切れる」と芸能人側も感じているはずです。カジサックさんや宮迫さんのチャンネル、最近では明日花キララさんのスタートも後押しされていました。

自粛中に見て面白かったのは、元NHKアナウンサーの登坂淳一さん。Creepy Nutsの歌詞をアナウンサー風に読み上げたりする「読んでみた」シリーズの動画が話題になりました。広瀬香美さんのチャンネルも、「この人がこれをやったら面白くなる」の最新例で、いろんな人の曲をすべて、広瀬香美節で歌いあげているのがかっこいい。YouTubeはいまや芸人のネタのように、芸能人の「トリセツ」を提示できる場所にもなりつつあります。

そして、最もインパクトがあったリモート配信は、赤西仁さんと錦戸亮さんの共同プロジェクト「N／A」によるYouTubeチャンネル「no good tv」で、小栗旬さん、山田孝之さんを交えた4人のリモートトークだったと思います。あの座組みでなにかやりましょうというのは、テレビではなかなか成立しにくいですし、赤西仁さんが鼻くそをほじったり、みんなでズボンを脱いだりするプライベートなノリが見られたのは衝撃でした。

こういう風に、芸能人同士の関係性でキャスティングが成立するようになれば、テレビを軽々と超えるパンチ力が生まれます。YouTubeにはもともとコラボ文化があるので、今後は芸能人同士による、テレビでは見られないようなコラボ企画があふれてくるのではないでしょうか。

芸能人がインスタライブを選ぶ理由

コロナ禍の配信で話題になったコラボといえば、星野源さんが渡辺直美さんのYouTubeライブにゲスト出演したものもありました。直美さんは、カメラの前で視聴者と一緒に晩御飯を食べる「今夜は私と一緒にディナーしよ！」というシリーズをやっていたのですが、めちゃくちゃ明るいし、よく笑うし、見ていて元気になれるんですよね。星野源さんや近藤春菜さんをゲストに呼んで楽しい時間を共有できるのも、彼女のキャラクターがあるからだと思います。

星野源さんとのコラボ配信のときは、同時視聴で9万人近くの人が見ていたんですが、それって相当凄い数字なんですよ。これまではチャンネル登録者数500万人超のYouTuberでも同時視聴数は5万人ほどだったりするので、渡辺直美さんが生配信をすごく上手に使っていることがわかると思います。

生配信の魅力というのは、やはりインタラクティブ（双方向性）にあります。渡辺直美さんはYouTubeライブとInstagramのライブ機能（以下、インスタライブ）の両方を使っていますが、いまのところ、芸能人はインスタライブを利用することの方が多い印象です。その理由としては、サムネや配信枠の設定やタイトルをつける手間がかからないから。また、YouTubeライブは再生回数が収益になって、儲かるというイメージがある。コラボの際にはお互いのチャンネルに出ないと不公平になってしまいます。それに比べると、インスタライブはお金のニオイがしないのでピュアなイメージがあり、芸能人同士のコラボが実現しやすいんですよね。

インスタライブの利点は他にもあります。たとえば、芸能人がライブ配信をするために新たにYouTubeチャンネルを開設したとして、チャンネル登録があまりされなかったら、スベっているように見えてしまうんですよね。できればそれは避けたい。みんなそこはちょっと怖がっていると思います。インスタだったらTwitter感覚で気軽にフォローしてもらえますし、日常的に投稿をしているアカウントからそのままライブ配信が行えることも大きいと思います。

インスタには20〜30代の女性ユーザーが数多く常駐していて、ライブ配信の通知を受け取って気軽に閲覧しています。リアルな友達の動画とトップ芸能人の動画がタップすれば切り替わるという、その操作性の高さと距離感の近さはYouTubeライブ以上のものがあります。

YouTubeライブは引きの横画面で撮ることが多いけど、インスタライブはビデオ電話の基本的な形である縦動画なんですよね。たったそれだけの差が大きな違いを生んでいて、視聴者がハートを送ったり、コメント欄の気軽なやりとりにつながったりしています。プロの芸能人が芸能人然として振る舞うのではなく、フレンドリーなやりとりを見せてくれているので、配信者に対するエンゲージメント、接触率や視聴熱はインスタライブのほうがより高まっていると思います。

木村拓哉さんと工藤静香さんの娘であるKoki,さんとCocomiさんなどは、インスタライブでかなりファンを増やしたのではないでしょうか。もし今後インスタグラムがライブ配信を収益化できるようにしたら、また使われ方も変わっていくかもしれません。

広い空間では笑いが逃げていってしまう

これはテレビにも共通することですが、撮影空間はなるべく狭いほうがいいと思います。『笑っていいとも！』を収録していたスタジオアルタってすごく狭くて、セットもめちゃくちゃキュッとしていたんですよね。というのも、だだっ広いと笑いというのは逃げていってしまうんです。お笑いのステージでもパネルを置いてなるべく狭く見せるなど、いろいろと工夫しています。

過去に使った道具を映しこむ

「ファンだからこそわかる」というポイントを作るのもテクニックです。

たとえば、過去の動画で使った小道具を背景に少しだけ映しこむ。「あの時のやつだ！」と発見して喜んでもらえます。YouTubeの動画は1本で完結させるのではなく、マンガ雑誌の連載作品のように、続けて見る楽しさも重要です。

第5章 裏方人生

□見たDVDは累計2千100枚超
□誘ってはもらえない。「興味あります」と手を挙げる
□「認められなかったら終わり」という気持ちで働く
□まずは〝誰が座ってもよい席〟で結果を出す
□人の3倍働けば年収1千万円を超える

お笑いに助けられた「ヤンキーの裏方」時代

ここまでYouTubeとテレビの現状をマジメにあれこれ書かせてもらってきましたが、この章では、ちょっとだけ僕の話をします。

僕は京都府で育ち、小学5年生のときに父親の仕事の都合で千葉県に引っ越すことになりました。なので、10歳ぐらいまでは関西弁。千葉県に引っ越すときに、父親から「関西弁を使っていたら、人気者になるかイジメられるかだ」と言われました。

京都のクラスでは「運動できるヤツより面白いヤツのほうが強い」という傾向が強く、僕はクラス文集の「面白い人」アンケートで第4位にランクイン。人気者のほうでした。でも上位３人がずば抜けて面白かった。

人気者かイジメられるか……。僕は面白いヤツだと思われたくて、千葉の新しい学校に入ったときに、同級生とトリオを組んで帰りの会で漫才を披露することにしました。

転校生という役で自己紹介をするネタで「好きな食べ物は？」「ペディグリーチャムです」「犬の食べ物じゃねえか！」といった一問一答の自己紹介大喜利をテンポよく演じるネタをやりました。なんとか「面白いヤツ」と認識してもらえたことで、その後の学校生活がうまくいった。「笑いに助けられた」と思えた体験です。

中学にあがると、ちょっと不良の友達と付き合うようになったのですが、このときも僕はアイデアでポジションを作っていくことになります。当時は『ロンドンハーツ』の「ブラックメール」という企画が流行っていて、「前略プロフィール」で架空の可愛い女の子のプロフィールを作って、女好きの友達をターゲットにして、デートの約束までこぎつけられるかというゲームをしてみたり、全校集会のときに先生に隠れてマイクをつないで変なことを言うという、罰ゲームみたいな、やったら面白そうなアイデアを出して、それをヤンキーが実行するような遊びをよくやっていました。

他にも、大きな公園で手に持ったロケット花火を打ち合って、服が燃えたほうが負けというリアル「フォートナイト」のようなことや、街を歩きながらじゃんけんをして、負けたほうが舐めたら体に悪そうな場所を舐めるというアホなゲームを考えたりもしました。

小学生の時までは、自ら前に出てはしゃいでいた。でも中学に入ってからは、みんなの前で騒ぐのはやめて、人に吹き込んでやらせる方向に変わっていきました。怒られたくないから、自分の手は汚さずに仕掛けていくスタイル。

もし、いま僕が中学生だったら、迷惑系YouTuberの一員として、問題を起こしているかもしれません。

修学旅行のときもレクリエーション係としてパーティゲームを考えていたし、昔から企画を考えることは好きでした。いま、テレビやYouTubeでやっていることも、その延長線上にあります。放送作家になって、自分が考えた罰ゲームを執行するために、300万円のセットが組まれた時は感動しましたね。

好きな女の子の影響でテレビを見はじめる

僕の父親は島田紳助さんとダウンタウンさんが好きだったから、僕が小さい頃から家のテレビにはバラエティ番組が流れていました。でも、あまり記憶になくて『ダウンタウンのごっつええ感じ』も覚えていない。

自分の記憶としてしっかり残っているのは『笑う犬』シリーズくらいから。意識してテレビを見るようになったのは、小学3年生のときに好きだった女の子がきっかけです。『学校へ行こう!』の「東京ラブストーリー」というコーナーが好きな女の子で、「『だぜ』って人、超面白いよ」と言っていたので、その子と話がしたくて番組を見てみたんです。そうしたら、めちゃくちゃ面白くて、テレビがどんどん好きになっていきました。

ちなみに、『学校へ行こう!』を担当していた放送作家さんで、樋口卓治さんという方がいらっしゃるのですが、この方に業界に入る入り口を作っていただきました。その出会いについては、のちほど書きたいと思います。

いま作家として関わらせていただいている『ダウンタウンのガキの使いやあらへんで!』の「笑ってはいけない」シリーズも、僕が中学生のとき、2003年に始まっています。特に2004年の『笑ってはいけない温泉宿一泊二日の旅in湯河原』は腹を抱えながら家で見ていました。

これまでに僕が記憶しているなかで、僕の父親が一番笑った瞬間は、『笑ってはいけない』シリーズ2005年の『松本・山崎・ココリコ罰ゲーム 絶対に笑ってはいけない高校(ハイスクール)』で、板尾の嫁がマドンナの「MATERIAL GIRL」にのせて踊るシーンです。

僕が人生で一番笑った瞬間は、2011年『絶対に笑ってはいけない空港24時』で、フットボールアワーの岩尾さんがドラム式洗濯機の中に入って回されながらあつあつラーメンを食べるシーンです。

その頃はまだ、自分がその番組で人を笑わせる仕掛けを考える立場になるとは、思いもしませんでした。

スポーツの部活動に入らなかった弊害

高校に入ってからはガラっと生活が変わりました。アメリカの学園ドラマなんかを見ると、ジョック(リア充)とナード(隠キャ、オタク)みたいなスクールカーストが明確にあるけど、僕が入ったミッション系の私立高校も、スポーツができる人のヒエラルキーがめちゃくちゃ高かった。

僕は中学のクラスアンケートでは「面白い人ランキング」第1位で、サッカー部で10番をつけ市選抜に入っていて、学校の人気者の側だったと思うんです。ですから、高校でもサッカー部に入って人気者になりたいと思っていた。でも入学早々、練習を見学しにいったときに、強豪校でもないのに軍隊みたいで〝楽しくなさそうだな〟と思ってしまったのです。

大して知らない、リスペクトもしていない先輩に「ボール取って来い」と言われる縦社会には耐えられません。サッカーをスポーツとしてダラダラ楽しみたかった僕は、1回の見学で見切りをつけ、ピザーラでアルバイトをすることにしました。

そこが運命の分かれ道。学校では当然、サッカー部と野球部が幅を利かせています。そのこともあまり気に食わなかったし、ウマが合う人も見つけられず、早々に〝家での充実〟を目指して方向転換しました。

今でも、高校時代にスポーツの部活動をやっていなかった弊害というのは感じます。まず、声が小さい。5人を超えるような集団行動が苦手です。よく3分くらいの遅刻をします。仕事でリーダーになることがあるのですが、チームを鼓舞したり、統率したりする力が足りません。

一方で、好きなことにはのめり込めました。

アルバイトは時給が高く、1年生の時に100万円の貯金ができた。自分の部屋に、テレビと大容量のレコーダー、5.1chサラウンドのスピーカーを買い揃え、自分の城を築いて籠城し、録画した深夜番組やレンタルDVDを毎日見まくる生活を送っていました。

映像作品を見る環境は、小さい頃から整っていました。親の友人に『トムとジェリー』『ピングー』『Mr.ビーン』といった外国のアニメやコメディのビデオをたくさん持っている人がいて、よく貸してくれていたんです。幼稚園のときはずっと『Mr.ビーン』を見ていて、いま思えばそれが僕のお笑いの原点といえるかもしれません。

ダウンタウン、ウッチャンナンチャン、千原兄弟、バナナマン、おぎやはぎ、ラーメンズ、バカリズム、劇団ひとり……レンタルビデオ店のお笑いコーナーにあるDVDは、高校時代に片っ端から借りました。当時、地元のTSUTAYAでDVDが1週間、10枚1千円で借りられたんです。ペース的には、1日1本以上見ないと消化できない。自分にミッションを課すように、返却期限と戦っていました。

映画も、名作と呼ばれるものはひと通り見ています。『死ぬまでに観たい映画1001本』という本があるのですが、それをひとつずつペケしていって。あと、好きな監督を見つけては、〝ウディ・アレンの作品を全部見る〟とか、〝北野映画を全部見る〟といったこともやっていた。『ロスト』『24』『プリズン・ブレイク』『セックス・アンド・ザ・シティ』のような大ブレイクしていた海外ドラマなんかもだいたい見ましたね。名作だからきっと面白いだろうってのもあるんですが、コンプリートしたい感覚も強かった。高校時代は年間500枚、大学に入ってからも2年生まで毎年300枚は見たと思います。

返却期限があるレンタルDVDだったからできたけど、今のNetflixみたいなサブスクリプションだったら、そんなに見られていなかったかもしれません。

高校時代は、同じレベルでお笑いや映画の話ができる友人がまわりにいませんでした。一人でただただ修行のように見続けていただけで、誰とも共有していなかった。

でも、大人になってからは「ここにも、あそこにもいたのか」ってくらい、同じような体験をしてきた人に出会うことが多いんです。それぞれが別のところで、でも同じようにお笑いや映画に没頭してきたから、共通言語が多くて会話がめちゃくちゃ楽しい。

それに上の世代の人とも話せるし、憧れの作品を制作していたスタッフにも、ときたま会えることがあります。映像作品を見まくっていた、ひたすらストイックな時間が活きてきた感じがしますね。

悪ふざけ好きな「マイルドヤンキー」的要素

ジョックでも、ナードでもない。僕という人間を現す要素として〝マイルドヤンキー〟という属性があると思います。夜中にドン・キホーテに行くのも大好きだし、夜中の繁華街を散歩してヤバい人間を見つけるのも好き。

「中学の地元の仲間が最高！」という価値観をもち続け、家で映画を見ていたのですから、高校では全然モテませんでした。教室の隅っこでクラスメイトと、『24』でジャック・バウアーがやっていた「口を塞いだタオルに水をかけていく拷問」をやり合って、女子から白い目で見られていました。

もちろん拷問なんて、絶対に真似してはいけないことですが、友達が死にかけている瞬間から復活する、その緊張の緩和が当時は一番面白いと思っていました。もし僕がいま高校生だったら、アメリカの過激番組『ジャッカス』のような体を張ったチャレンジをSNSで発信してバカッターとして注目され、高校を退学させられていたと思います。危ないところです。

素人系のYouTuberには、度を超えたドッキリやイタズラみたいな、無茶なノリもあります。そういうのが苦手な人は多いかもしれませんが、どちらかというと、僕も10代の頃は仲間と『ジャッカス』的な悪ふざけを楽しんでいたから、その面白さがわかります。最近はコンプライアンスも厳しくなっているので、その感覚のままで仕事をするのはNGですが、僕個人のお笑いの許容範囲はかなり広いほうだと思います。

『ジャッカス』的なノリのYouTuber「チャンネルがーどまん」好きです。

ラジオ『放送室』で放送作家という仕事を知る

家でひたすらDVDを見ていた高校生の頃、映画監督や脚本家に憧れるようになりました。『池袋ウエストゲートパーク』と『木更津キャッツアイ』が大好きだったから、クドカン（宮藤官九郎）さんみたいになりたいなと。そんなことをうっすら考えていた時期に、深夜番組の『働くおっさん劇場』を見て、松本人志さんのことが凄く好きになったんです。そこから、松本さんと放送作家の高須光聖さんがやっていた『放送室』というラジオを聴くようになって、初めて放送作家という職業を知りました。

高須さんは「御影屋」というホームページを運営していて、そこにはいろんな作家さんやテレビ制作者との対談が掲載されています。

中野俊成さん、鈴木おさむさん、三木聡さん、小山薫堂さんなどなど、そうそうたる方々が登場していて、そこで放送作家がどんな仕事をしているのかを知りました。また、秋元康さんや鈴木おさむさんは高校生や大学生の頃から放送作家をやっていたことを知り、もしかしたら自分でもなれるんじゃないかと思うようになったんです。

僕は2010年に大学に入ったのですが、新歓コンパなどに顔を出してもなんとなくつまらなくて、放送作家の中野俊成さんと鮫肌文殊さんが主催するレコードイベントに行くようになりました。

放送作家として業界に潜り込めないかなという気持ちも多少あったのですが、単純に面白そうだったので。そうして何回かイベントに通っているうちに、たまたま隣の席に「御影屋」を読んで知っていた樋口卓治さんが座ったんです。

樋口さんは、僕がテレビを見るきっかけになった『学校へ行こう!』の作家さんです。思い切って声をかけてみたら「来週、仕事場においで」と誘ってくださったんですが、実際に1週間後に仕事場に行ってみたら「誰だっけ?」と言われました(笑)。声をかけた時は酔っ払っていて、覚えてなかったみたいです。

その頃、樋口さんは「放送作家部」という学生を集めた部活をやられていて、放送作家志望の若手を集めて企画会議などをやっていたので、なんとかそこに入れていただくことに。それが僕の放送作家人生の始まりです。

イベントではたくさんレコードをいただきました

放送作家デビューは『学生HEROES!』

樋口さんの「放送作家部」への参加と同時進行で、Twitterで知り合った門出ピーチクパーチクという若手お笑いコンビのライブを手伝うようになりました。

彼らは2014年に解散してしまったのですが、僕が作家の見習いをやりたいと言うと、「じゃあ一緒にやろうか」と乗ってくれて、ライブのネタとネタの合間に流す、今のYouTuberに近いような企画映像を作っていました。

放送作家としてテレビデビューしたのは、オードリーの春日さんがMCをされていた『学生HEROES!』というテレビ朝日の深夜番組。大学3年生で21歳のときでした。

『学生HEROES!』は学生のやりたいことを全力で応援するという番組。学生たちが作る番組でもあったので、演者やスタッフとして多くの学生が関わっていて、僕は学生芸人のオーディション企画などを担当していました。

在学しながらテレビ業界に入り込んでいるだけあって、みんなアンテナが高く、当時関わっていた人たちはいま、電通でクリエイティブディレクターをやっていたり、YouTube作家だったりと、いろんなところで活躍しています。人気YouTuberのおるたなチャンネルのないとーや、『ヒルナンデス！』に出演している日本テレビアナウンサーの滝菜月さんも学生時代に出ていましたね。

番組には学生芸人が参加する「笑いのゼミナール」というお笑いのコーナーもあって、そこには門出ピーチクパーチクも出演。同世代の芸人たちとのつながりも、この頃からどんどん増えていきました。

日本で最も長く続くお笑い研究集団

こうして大学在学中から放送作家をやりはじめ、23歳で初めて『絶対に笑ってはいけない大脱獄24時』に参加させてもらいました。２０１４年のことです。

きっかけは、深田憲作さんという『笑ってはいけない』シリーズの先輩作家さん。当時、別の番組でご一緒していたのですが、〝若くて、粘り強く大量のアイデアが出せて、週に何回も長時間会議ができる、お笑いがちょっとできそうな人〟を探していると聞きつけました。

僕のことは、〝まだ若いのにダウンタウンさんにすごく詳しい〟と認識してくれていたみたいですが、誘ってもらえたわけではありません。僕のほうから「興味あります」と手を挙げました。面白いかどうかは自信ないけれど、やってみたいと。そうしたら、「わかった、紹介します」と言って、会議に呼んでくださったのです。

深田さんの放送作家のなり方は超エリートです。かつて『放送室』で、高須さんの弟子オーディションがありました。そこでは、松本さんによって「赤丸・黒丸を羅列せよ」という問題が出題され、７００人の弟子志望者が紙を提出したそうです。この問題の意図は「与えられたルールのなかでいかに裏切り、目立つか」ということ。松本さんは「俺だったら赤丸を1個を描くかな」「星を描いてきたりするのはルール違反」と番組で話しています。普通、丸の数や順番に気をとられそうなものですが、深田さんは、紙の隅に赤丸を描き、さらに〝はみ出た〟部分を対角の隅から出るように描いたそうです。そうして７００分の3の合格者となり、放送作家として『関ジャニ∞クロニクルF』や『激レアさんを連れてきた。』でも活躍されています。

そんな凄い先輩作家がいるなかに飛び込んだはいいものの、初めのうちは、先輩たちがとにかく面白すぎて驚きっぱなしでした。お笑いのネタって、こうやって出すのか……と。

『ガキの使い』チームは、30年間ずっとお笑いを研究しています。おそらく日本で最も長く続いているお笑い研究集団なので、いろいろな笑いのアプローチを試して経験している。だから、僕なんかがパッと出すネタなど、てんでお話にならないのです。『ワンピース』で、ミホークとはじめて戦った時のゾロのような気持ちでした。

初参加になった『大脱獄』では、ネタ出しに苦戦するなか、どぶろっくさんの「もしかしてだけど」を他の芸能人が歌うネタがありました。僕は「ここだ！」と思い、１００個ほどフレーズを考えたところ、いくつも採用されたのです。

そこから「ときおはフレーズを考えるのが得意だ」と認めていただけて、翌年以降も呼んでもらえるようになりました。１回呼ばれた作家さんが次の年にはいなかったケースもあったので、とても嬉しかった。

『キングオブコント２０１９』で、どぶろっくさんは見事優勝しました。その年の『笑ってはいけない青春ハイスクール24時』で、稲垣吾郎さんがその優勝ネタである「大きなイチモツ」を歌っているのですが、たまたまそのパートを担当させていただくことに。久しぶりにどぶろっくさんにお会いして、また替え歌を作れたことにもご縁を感じました。

8年ぶりの『ガキの使い』レギュラー作家

「笑ってはいけない」に参加してから、6年が経ちます。テレビのこと、お笑いのこと、いろいろな修行をさせていただきました。

毎年、夏が終わって9月から11月くらいまでの2ヵ月間は、毎日のように日本テレビに通ってネタ出しをします。面白いネタを出すまで、鬼のディレクターに会議室で監禁され続けるような日々です。

参考にできるものはないかと世界中の罰ゲームを調べたし、『ガキの使い』の過去30年分にのぼる貴重で膨大なデータも見せていただきました。この罰ゲームはこうやって作られているとか、こうやれば面白くなるということをたくさん学びました。大量のインプットとアウトプットを常に要求されてきたことが、いまに活きていると思います。

最初は「あの憧れの『笑ってはいけない』に参加できている」という気持ちよりも、「ここで認められなかったら終わりだ」というプレッシャーのほうが大きかった。他の先輩作家さんたちは売れっ子ですが、僕はそこに捧げられる時間が膨大にあったので、粘り強く食らいつくしかありません。

年々、なんとなくアイデア出しの感覚もつかめるようになり、担当する台本も増えていきました。

そんななか、昨年『ガキの使い』からレギュラー作家が一人抜けることになり、新しく誰かを入れようという話になったとき、「ときおにするか」とお誘いいただきました。『ガキの使い』のレギュラー作家は、それまで8年間変わっていませんでした。作家チームはいま7人いるのですが、僕が29歳で一番若くて、その次に若い人が44歳。チーフの高須さんは、僕の父親と同い年です。

年齢差はかなりありますが、みなさんずっと面白い。毎週出すネタも、おじさんなのにまだこんなふざけた面白いこと言ってるのか……と圧倒されます。

情報のアンテナも高く、50代の作家でも情報の鮮度は僕と変わりません。Twitterで流行っていることも知ってるし、話題のYouTube動画もチェックしている。

しっかり〝面白い〟のベースがありながら、時代をキャッチして寄り添う感性ももっているのが、トップランナーたるゆえんだと思います。

僕だけがだいぶ若いという環境ゆえに、みなさん凄く優しくしてくれます。初めは会議でも緊張していましたが、僕が固いときは突っ込んでくれたり、若手の企画でも拾ってくれたりして、面白くなるようにどんどんアイデアを足してくれる。こういうベテランになりたいと思う先輩たちです。

ダウンタウン・松本人志との邂逅

『ガキの使い』では、収録終わりに松本さんとの打ち合わせがあり、そこで今後の企画を決めています。演者さんが企画を考えるというのは、テレビ界では珍しい形です。

レギュラー作家となって、初めて松本さんの打ち合わせに参加したときのことは忘れられません。挨拶のあと、打ち合わせをしていたら、「小道具としてここに何があったら面白いかなあ?」と松本さんから振られました。

その瞬間、視界がぐにゃっと曲がって、実際は3秒くらいだったと思いますが、体感10秒ぐらいかかって30点くらいの回答しかできませんでした。去年、一番緊張した瞬間です。あの衝撃はこれから先もきっと忘れないでしょう。


ダウンタウンさんと高須さん、そしてビートたけしさんといつか仕事をすることが、高校時代からの夢でした。もっとキャリアを積んでからでないと無理だと思っていましたが、いろいろな先輩作家さんや芸人さんとの出会いから、23歳で達成することができたのです。

末端とはいえ、早い段階で夢を叶えられて、放送作家人生としてラッキーすぎる気もするのですが、おかげで、次の目標をもつこともできました。

それは、自分たちの世代で、ダウンタウンさんと高須さん、バナナマンさんとオークラさんのような、次のお笑いシーンを作っていけるような存在になること。

霜降り明星やかが屋など、同世代の芸人さんに「一緒にやりませんか」と積極的に声をかけていくようになったのは、そんな気持ちからでした。

『元テレ』世代の作家がバラエティを支えている

高須さんとダウンタウンさんは小学校からの同級生で、1963年生まれです。放送作家界では、その前後数年生まれが激アツで、黄金世代といわれています。

1985年、バブル景気とともに始まった『元気が出るテレビ』をきっかけに世に出られた放送作家さんが多く、〝元テレ世代〟とも言えるのですが、都築浩さん、中野俊成さん、鮫肌文殊さん、そーたにさんなど、現在も活躍されているテレビ界の大御所がたくさんいます。

現在50代のレジェンドたちがしのぎを削っていた時代のテレビには、思いついたアイデアを迅速に、スケール感をもって制作できる予算と制作体制がありました。その経験値は発想力に確実に影響を与えたはずで、アイデアを考える脳みやその幅が若手作家より広いように感じています。

この世代の大御所作家さんたちは『ロンドンハーツ』『アメトーーク！』『世界の果てまでイッテQ！』といった、現在のバラエティ最前線でも第一人者として活躍しています。つまり、放送作家も芸能界と同じく、トップ層は入れ替わっていません。

僕の少し上の世代の30〜40代の作家さんには、情報バラエティ全盛期の時代に頑張ってきた方々が多く、タメになる番組を作ることに長けていますが、純粋なお笑い番組をたくさん作ってきたという人はそれほど多くありません。

放送作家もテレビディレクターも、お笑い番組を作れる若手をもっと育てていかないと、培ってきたノウハウが継承されない可能性が高い。いきなりコント番組をつくろうとしてもうまくいかないし、罰ゲームひとつとっても、巧妙に面白く見せる技術、安全に行う技術が必要です。

いまは、優秀な若者がテレビ局に入っても1〜2年で辞めて、YouTuberになる人が出る時代です。学生の就職先としてテレビ局の求心力も落ちている。

なにか、新しくて楽しいことがやりたいと考えている若い人がもっとテレビを目指すように頑張りたい。テレビはもっと楽しいことができる場所だということを、広めていきたいと思っています。

ネットテレビ局の黎明期を足がかりに

『学生HEROES!』は形を変えながら7年ほど続いたのですが、その番組で、のちに大変お世話になる渡辺資さんというディレクターさんに出会いました。資さんは、『久保みねヒャダ こじらせナイト』『田村淳の地上波ではダメ!絶対!』のような、エッジの効いた番組を作るのがとてもうまくて、テレビの外側に多くの可能性があることに気づき、いち早くネットのフロンティアに挑んでいた方です。

2015年から2016年にかけて、LINELIVEやABEMA(旧AbemaTV)と

いったネットテレビが次々と設立。フットワークが軽くてネットの雰囲気もわかっている若手作家ということで、資さんは僕によく声をかけてくれました。

当時は企画書と台本をたくさん書きました。2015年のLINELIVEは、生配信の攻めた企画に挑戦していました。街中を逃走するキングコングの西野さんを捕まえた視聴者に賞金を払う『WANTED〜キンコン西野逃走中！』や、生配信するロンドンブーツ1号2号の田村淳さんに、視聴者がコメントで指示を出して行動を決める『アツシメーカー』など、いろいろな実験を繰り返す日々。ABEMAでも、ペット番組だったり、麻雀番組だったり……もう、とにかく書きまくりましたね。

がっつり向き合ってやっていたのは、LINELIVEと初期のABEMAですが、BeeTVやひかりTV、企業のオウンドメディアなどにも企画を出して番組を作りました。いまでもそうですが、ミツバチがいろんな花を飛び回るように、どんな場所にも顔を出すことを意識していました。

放送作家はテレビ業界、エンタメ業界のミツバチのような存在です。いろんな場所に顔を出して情報やアイデアをまいていく。そして作物（番組）が育つ。豊かに育った番組に携わる作家は、それだけよい情報に触れていて、会議の資料も面白いはず。だから他の番組に行っても成果をあげられる。

最近は、Twitterにアドレスを公開していることもあり、番組側、プラットフォーム側から仕事を依頼されることが少しずつ増えましたが、当時は超無名のザコ。誰が座ってもよい席に座らせてもらって、そこで結果を出せるように頑張っていました。

ABEMAやLINELIVEは現在も続いていますが、BeeTV、NOTTVなど、いまは終了してしまったサービスも少なくありません。２０１０年代はネットテレビがなかなか普及しない不遇の時期が続きました。YouTubeはGoogleという巨大資本がやっているサービスなので、そうそうなくならないけれど、やっぱり自前で配信局をやるのはかなり難しい。その難しさとの戦いをずっと横で見てきた感覚はあります。

年収1千万円を超えて「好きなことをしよう」と思った

ネットテレビ中心に最も企画を書きまくっていた24〜25歳の頃は、睡眠時間も限りなく削って、がむしゃらに働きました。初めて年収が1千万円を超えたのもそのとき。しかし、放送作家は儲かる仕事かというとそうではありません。単純に、人の3倍働いただけ。若手作家は単価が低く、たくさんの番組を担当するしか収入を増やす方法がなかったんです。

僕にはあまり物欲がありません。コーディネートを考えるのが面倒だから、同じ服を7枚買って毎日同じ格好をしているし、靴も2足同じ革靴を買って毎日代わりばんこに履いているし、車もカーシェア。趣味は映画と本とボードゲームなので、生活にお金がかからないほうだと思います。

お金を稼げるようになって嬉しかったのは、それまでは図書館で本を借りることもあったけど、新刊でも値段を気にせず買えるようになったこと。あと、おいしいご飯屋さんを自分で開拓できるようになったことも。

「年収が８００万円を超えると幸福度が上昇しなくなる」という研究データを見たことがあります。まだお金がない頃は、〝とりあえず一回だけでも年収１千万円を超えたい〟という目標がありました。確かに、それ以上増えていっても、生活が劇的に変わることはない。僕の〝お金を稼ぎたい〟というモードは、いったん途切れています。

そういうわけで、お金よりもやりたいこと、自分のテンションが上がることを優先しようと思い始めた矢先。静岡朝日テレビから「YouTube番組をやりませんか」と声がかかり、Aマッソや霜降り明星と番組を作り始めることになったんです。

次の章では、やりたいことファーストで居続けるために僕が具体的に取り組んでいることや、よい企画を出すためのテクニックを紹介します。

第6章

第7世代的仕事論

□ 媒体にこだわらず〝越境〟して仕事をする
□ 友人がシェアした流行りコンテンツは全部見
□ 年上との共通言語があれば〝後輩芸〟は無しでOK
□ 自分のテンションが上がる仕事を見つける
□ フットワークの軽さはいざというときのリスクヘッジになる

いろんな川にボートを浮かべて〝越境〟する

これまでお伝えしてきたとおり、いまはリアルが求められています。YouTubeでもテレビでも、表舞台のみならず制作過程を見せることでリアリティを高め、裏方のスタッフもコンテンツの一部となっているのです。

放送作家のなかには、「放送作家はあくまでシャドー、しゃしゃり出て目立つべきではない」という考え方の人もいます。きっと僕に対して「なんだあいつは！」「本を出すなんて調子に乗って！」と思う人もいるかもしれません。僕はあまり承認欲求が高くなく、なるべくなら目立ちたくない。でも、ほんの少しだけ目立とうと思ってます。

秋元康さんと鈴木おさむさんの『天職』という本に書かれているお二人の仕事術は、エンタメ業界以外の人にも参考になる名著なのでぜひ読んでいただきたいのですが、そこで語られている秋元さんの理論を僕も大いに参考にしています。

先輩と同じ川でボートを漕いでいても、あっちも漕いでいるのだから追い抜けない。秋元さんの場合は、作詞家の川にいったんボートを移して漕ぎ、そののち作家の川に戻ってきたから先輩たちに追いつき、さらに追い抜くことができた……というもの。

僕も、同じ会議に出ている先輩たちにはとても敵わないと思っているので、その理論をもとに、いろんな川にボートを浮かべています。テレビ、YouTube、ラジオ、ネットテレビ、ローカルテレビ、雑誌、ネットの記事、オンラインサロン……。ボートを浮かべまくった結果、ひとつの場所にとどまらずに越境するスタイルが出来上がってきたのです。

またまた秋元康さんの話ですが、「いくら仕事がしたいと風を吹かせても相手はコートを脱いでくれない。だったら自分が有名になってむこうから『仕事がしたい』と言ってもらえるような太陽にならなければならない」という「北風と太陽」理論も取り入れています。

僕もたまに取材を受けて表に出ると、思ってもみなかった面白い仕事の依頼が来ることがあります。〝これだけYouTubeのこと語ってるんだったら頼んでみるか〟というようなキャラクターができてきているかなと思います。

この本を出すことにも、少し躊躇はありました。〝出る杭〟として打たれることもあるかもしれない。ただ、目立つメリットにも惹かれているんですよね。

よく「放送作家になるにはどうしたらいいですか」と質問されます。ある先輩が「それを思いつくのが放送作家だ」と言っていて、確かにその通りです。放送作家のなり方は人それぞれで、再現性がない。お笑いの養成所や専門学校を卒業してなった人もいるし、ハガキ職人からなった人もいる。僕みたいに師匠となる人に声をかけて入ることだってあります。

でも、再現性がないからこそ、能力やタイミング次第で〝潜り込む〟ことができるともいえるでしょう。たとえば、テレビで求められそうな特定のジャンルにめちゃくちゃ詳しければ、少なくともそのジャンルを扱う番組では需要があるはず。

僕の知り合いの若手作家は、アイドルにめちゃくちゃ詳しかったから、ＡＫＢ48のレギュラー番組の作家に入れたし、僕は他の人よりもお笑いに詳しかったから、お笑いの番組に呼んでもらえるようになりました。

それは、決して僕自身がお笑い芸人のような面白さを持っているということではなく、一緒に仕事をする先輩たちとそのテーマで会話ができるくらいの知識量をもっている、つまり共通言語をもっていることが評価された、ということ。

だから、なにか自分が好きなものについてトコトン詳しくなり、それがテレビやYouTubeでも重宝される知識であれば、放送作家に向いていると思います。


アメリカのベストセラー著述家、マルコム・グラッドウェルが著書のなかで提唱した「1万時間の法則」というものがあります。「どんな分野でも、1万時間取り組めばだれでもその分野の〝エキスパート〟になれる」というもので、フロリダ州立大学のアンダース・エリクソン教授がベルリン芸術大学で行った、バイオリニストの実力と練習時間の長さの関係を分析した研究がもとになっているそうです。

この「1万時間の法則」を、堀江貴文さんが自著『多動力』のなかで、「一つのことに1万時間取り組めば誰でも『100人に1人』の人材になれるし、その軸足を変えて別の分野でまた1万時間取り組めば、『100人に1人』×『100人に1人』の掛け算で『1万人に1人』の人材になれる」とアップデートしている。

その考え方にならうと、僕は高校生の頃に修行のように見続けた「お笑い」と「テレビ」があったことが大きかった。最近はそこに「YouTube」が加わって、その3ジャンルの交差点に立てていることが、自分の武器だと思っています。

「3つの肩書をもてばあなたの価値は1万倍になる」というのも、『多動力』からの受け売りです。


放送作家には、テレビ一筋でやり続けている人や、最近は逆にYouTube作家専業に切り替えている人など、職人的な人が少なくありません。

でも、僕は最終的な〝出しどころ〟にこだわりはありません。いろんな場所にちょこちょこ顔を出しているから、様々な方向から情報を得ることができるし、そこでしかできない体験がある。それがまた次の展開につながっているような気がします。

コンテンツ〝全部見〟作家のライフハック術

放送作家のなり方に再現性はないと言ったけれど、普段僕がやっていることで、これを読んでくれた人の参考になりそうなライフハックを、いくつか紹介してみます。

先ほど『多動力』の話をしましたが、ビジネス系や自己啓発系の本は好きでよく読みます。NewsPicksも大好きです。各業界のリーディングカンパニーの方や経営者たちが一足先に到達している、いまの時代を生き抜く技術が学べるから。僕はなるべくなら効率よく生きていきたいと思っているので、いろんな理論を採用しています。

「引き寄せの法則」ではないですが、高校生から大学生くらいの頃までは「ダウンタウンさんと仕事がしたい」「ビートたけしさんと仕事がしたい」といった目標をポストイットに書いて、壁にたくさん貼っていました。いまももちろん、〝自分がこの先どうなりたいか〟ということは常に考えています。

このあいだやってみたのは、アメリカの投資家ウォーレン・バフェットの「25：5の法則」。自分のキャリアで達成したい目標を25個書き出して、そのなかから優先するもの5つに丸をつける。残りの20個は捨てるというもの。「思考の断捨離」みたいなことなんですが、たまにこういうタスクをやってみると、自分の考えがクリアになるのでオススメです。

あとは、コンテンツをめちゃくちゃ見るようにしています。高校生の頃から生活の一部です。自宅ではiPadと50インチのテレビを併用しているのですが、iPadで『梨泰院クラス』を流し見しながらキッチンで料理して、出来上がったらテレビに切り替えて食べながら見る、というスタイル。流行っているものはキャッチしたい〝全部見〟タイプです。自分が好きな作品を掘るのも大事ですが、仕事に活かすことを考えると、流行りものから得ることも重要です。

TwitterやNetflixを見ながらYouTube動画を確認したりと、仕事をしながらでも常にコンテンツには触れているから、スマホも首からぶら下げています。

スマホは、たとえ会議中でもめちゃくちゃイジります。他の人は机にスマホを置かず、紙資料にじっくり目を通したりしていますが、僕は怒られてもいいので常になにかオンラインしながら会議に出ています。手元の資料に加えて、ネットで調べたほうが詳しくわかったり最新情報をキャッチできたりもするので、その場で調べて発言するようにしています。

ちょっとズレたので話をコンテンツに戻すと、何を見るか選択するときに参考にしているもの。

たとえば、『M愛すべき人がいて』とか『愛の不時着』とか、新しく話題になったドラマも必ず数話は見る。ヒットしているものにはヒントがあるはずだと考えます。ハマれば全部見てしまいます。食わず嫌いはしないこと。

話題性よりさらに大事にしているのは、信頼している友達が教えてくれる情報。「Netflixの○○見た？」「YouTubeのこれ見て！」と、シェアしたくなるまで気持ちを動かされたものにはなにかがあるだろうと思う。

効率的なのは、エンタメに関して信用できると思っている人がTwitterでフォローしている人を、自分もフォローすること。つまり、情報ソースをパクる。僕の場合だとテレビの偉大な先輩や、信頼しているエンタメ系のライターさんがフォローしている人をチェックしています。これは、なるべくならこっそりと伝えたいテクニックではありますが。

作家仕事の冷静と情熱のあいだ

実は、僕の同世代、30歳前後のテレビ放送作家って、自分の目に見えている範囲では20人を下回っています。もちろん劇場やお笑いのスクールに行けば山ほどいるとは思いますが、テレビ業界にちゃんと食い込んで仕事ができている作家は20人もいない。テレビは参入障壁が高い一方、芸能人の参入が過渡期的な段階にあるYouTubeではスタッフ不足ということもあり、YouTubeにいくケースも増えている印象です。でも、テレビの制作者は本当に優秀な人が多く、学ぶべきことも多いので頑張ってやっています。

放送作家は自分で名乗った瞬間から放送作家です。あとは、仕事があるかどうか。では、どうやったら仕事がもらえるのか？

それは、お仕事を振ってくださるスタッフさんや芸人さんに、自分が得意なことや好きなことを知ってもらう必要があります。僕でいえば「お笑い」「映画」「YouTube」「恋愛バラエティ」「ボードゲーム」など。

たとえば、ある作家さんが新人作家を10人くらい集めたとして、「勘がいい」とか「◯◯に詳しい」というのは、会話のなかで見えてくることですよね。

お笑いや映画の歴史を知っていると、年の離れた先輩とも普通に会話ができるようになります。その結果、僕の場合なら「知識があるな」とか、少なくとも「適当なやつではないな」と思ってもらえて、なにかの企画があったときに「とりあえず、ときおでも呼んでおくか」と、最初の10人のなかから頭ひとつ抜けることができたのだと思っています。

いまどきのことを知っているのはマスト。そのうえで、年上のスタッフとも共通言語をもつことは、意外と大切です。

僕は、いわゆる後輩芸があまりうまくできないんです。可愛げもそんなにないので、太鼓を持とうとしても気持ちがこもってないように思われます。

先輩からのお誘いもそこまで多くない。飲み会も無理して行かないタイプだろうと思われているのかもしれません。基本的に家でNetflixを見ているのが至福な人間であることが伝わっているのでしょう。

企画も熱意ではプレゼンしません。あくまで内容勝負です。どうしてもやりたい企画は熱意で通さず、他で通してくれる場所を探します。

まずはこちらの手の内をすべて見せて提案し、それがいいなと思ってもらえたら「一緒にやりましょう」となるし、合わなければならない。シンプルだと思います。僕の場合はガッと肩組んで情熱的に「やろうぜ」って感じではないですね。こっちの片思いでは、続けていくうちにうまくいかなくなってしまう。いろいろな場所に越境していれば、選択肢は無限です。

一方で、いざとなればイタさ爆発で行動力を発揮する時もあります。先日も、六本木ヒルズのYouTubeオフィスから出てくるヒカキンさんを見かけて、面識がないのに名刺を渡しにいきました。ちょっとだけ雑談をしたんですが、ヒカキンさんは、すごく感じのいい人でした。

はっきり言って、この行動は非常にイタい。もちろんそれはわかっていて、わかったうえで行くのです。

ただ、誰かに見られているときにはやりません。たまに大勢のいる前で「企画書を読んでください！」って直訴するような新人作家もいるんですけど、それは恥ずかしい。イメージとしては、クラスのマドンナに学校の帰り道にこっそり告白するような……。1対1の状況だったら、大胆な行動をとれるんですよね。

企画の作り方1：そもそも「企画」とは何か？

この本を手に取ってくださった人のなかには、「企画の仕事がしたい」と思っている方や、すでにそういった企画の仕事をしている方もいることでしょう。

放送作家の仕事は、台本書きやリサーチ、オフラインチェックなど様々ですが、まずはとにかくネタ出し、企画出しが重要です。いろいろなケースがありますが、基本的にディレクターや放送作家などが会議でアイデアを出し合って番組を作っていきます。

僕が初めてネタ出し会議に参加したのは、前述の『学生HEROES!』でした。はじめは手探り状態で、わからないことばかりでした。


企画でご飯を食べていくとしたら「企画性の高いアイデアが出せるかどうか」が肝になります。「企画性」は人によって解釈が違うかもしれませんが、僕なりの定義では、〝他の人がやっても面白くなる仕組み〟です。

たとえば『笑ってはいけない』シリーズだったら「笑ったらお尻を叩かれる」、『相席食堂』だったら「VTRを停止してツッコミを入れる」といったシステムが企画。『お試しかっ！』の「帰れま10」も企画です。もちろん、トップクラスの芸人さんがそれをやることで大人気番組になっているのですが、どれも「企画性が高い」です。システムやルールのおかげで、他の人が真似してやっても面白くなるので、YouTuberが企画の真似をしている動画がたくさんあります。全世界で制作されている『SASUKE』やアメリカ発の『バチェラー』など、国境を越えて楽しんでもらえる企画もありますね。

一方、『しゃべくり007』や『踊る！さんま御殿!!』の「7人のMCがゲストを迎えてしゃべり倒す」「さんまさんがMCとなりゲストのエピソードにツッコんでいく」という内容は、とても真似できないMCの手腕が番組のクオリティを担保しています。

無理やり同じことはできますが、面白くするのは至難の技。他の人がやっても成立する、再現性の高い仕組みやアイデアを出せるかどうかは、作家の力量が現れるポイントです。これを生み出せるとかっこいいなと思います。


では、その企画をどうアピールするかですが、僕は昔から1枚で完結する簡単な企画書、通称「ペライチ」を常にたくさん用意しています。

これはデーブ八坂さんという先輩の作家さんに教わったのですが、テレビ局に急に呼ばれた時に、パッと企画書を出せると「いっぱいネタをもってるね」と話が進むんです。実際にそうやって特番につながったことも少なくありません。


テレビ局では社屋のどこかで、いつも誰かが企画会議をしています。月に200本の企画が集まり、そのうち番組になるのは4〜5本。そこからレギュラー化を勝ちとれるのは、ほんの一握りです。なんとかそこにひっかかれるように、若手時代は、企画書を毎日作っていました。作っては直し、作っては直しと繰り返すうち、「企画書上手」ということで企画会議に呼ばれるようにもなりました。

企画の作り方2：過去のパターンを組み合わせて新しく見せる

では、肝心の企画の内容はどう考えるか……。放送作家セミナーに行ってもなかなか難しいと思います。ひらめく人もいるのかもしれないですが、僕はこれまでの過去の企画、世界の企画を知っていれば知っているほど有利だと思っています。

多くのクリエイティブ本で指摘されているように、もはやゼロイチでまったく新しい企画を生み出すというのは奇跡に近い。なので、要素や過去のパターンの組み合わせでどう新しさを作れるかが勝負どころになるわけです。

YouTubeの動画企画はアイデアの掛け合わせが重要です。たとえばメントスコーラというお題で、他の要素を組み合わせてどう新しく見せるか？

「巨大化する」「飲み干せるか」「コンドームをかぶせてみる」「ロケットにして飛ば

してみる」「メントスで作ったコップに入れてみた」「噴射するドッキリ」など、切り口は無限に出てきますね。
メントスコーラで一番衝撃的だったのは、外国で魚が棲む穴にコーラを注ぎ込み、最後にメントスを入れる動画です。入れて数秒経つと、穴の中の酸素が失われて魚がどんどん地上に飛び出してくる。それで魚を30匹ほど捕獲したりしていました。

恋愛バラエティなどは時代との掛け合わせです。１９９０年代後半の海外旅行ブームに合わせて『あいのり』が誕生。２０１０年代のシェアハウスブームに合わせて『テラスハウス』。２０１５年以降の人狼ブームに合わせて『オオカミくんには騙されない』と、世の中の現象を色濃く反映した番組が人気というわけです。

企画を作るにあたって重要なのは、知識と情報の蓄積です。過去のアーカイブの組み合わせを活かしつつ、今の時代にフィットさせる。僕も駆け出しの頃は、有名な企画を前に「どうやってこれを真似していないように見せるか」ということをずっと考えていました。
そういうことを続けていくうちに、アイデアの掛け合わせ方や、現代の生活様式に当てはめるためにはどこをいじればいいか、どんなルールをつくれば面白くなるかがわかってきます。

情報は更新されていくし、知識はいまから身につけても遅いということはありません。僕の場合は、高校時代に部活に入らず、ストイックにお笑いと映画を見続けた日々のインプットがアドバンテージになりはしましたが、いまも同じようにお笑いや映画を見続けているし、日々の暮らしのなかで面白いと思ったことはメモを取っている。本を読んでいて気になったところには線を引いて、読み終わったらEvernoteに打ち込んで保存しています。

僕は先輩から、大喜利や替え歌などフレーズものがうまいと褒めてもらうことがありますが、それはまさしく今までの蓄積が宝になっています。

先述した『笑ってはいけない』への参加1年目で、どぶろっくさんのネタの替え歌を量産できたのは、芸人さんのネタ本や村上春樹さんの比喩表現などのなかから、心に刺さった言葉を書き留めてきたからだと思います。日常の習慣としてやっていたことが功を奏した瞬間です。

習慣が能力を作ります。ちょっとずつでも、自分の身になることを続けていけば、強みになる可能性があるんです。

「ねこにきゅうり」を置く仕事

企画書はパワーポイントを使って作るのですが、視力の弱ったおじさんが、とにかく疲れているときに読んでもわかるように心がけています。企画書の書き方については、デーブ八坂さんとカツオさんという二人の優しい先輩がデータのたたき台をくれて、「こうやって書くのがいいと思う」とたくさんレクチャーしてくれました。弟子と師匠という間柄でもないのに、優しくしていただいて、先輩から受け継いだものは多くあります。

たしかに、僕が先輩の企画書を書くこともあるので、先輩にとっても教えるメリットはあるのかもしれないけれど、おそらく先輩たちもまた教えてもらってきたのでしょう。放送作家は100人、200人のフリーランス同士の世界なので、ライバルでもありますが、仕事に呼んだり呼ばれたり、助け合って生きています。

放送作家事務所というのもあるんですが、一流の作家さんでも入っている人といない人が半々くらい。若手のうちは事務所から仕事がもらえることもあるかもしれないけれど、歳をとるに連れて自分の名前で仕事をするようになるので、実質みんなフリーランスみたいなものです。


放送作家は、仕事のやり方もスタンスも本当に人それぞれです。たとえば、クイズ番組を作るとなれば必ず呼ばれるような、雑学知識が半端じゃない先輩作家もいますし、鈴木おさむさんや高須さんなど、ラジオのパーソナリティを務めるスター作家もいます。

他にも、大喜利的なネタのセンスがある人やコント職人など、それぞれに持ち場の違う凄さがある。そういう人に会うたびに「ああ、この能力があれば飯が食えるな」と感銘を受けてきました。

放送作家というのは、テレビマンに指名される人です。テレビマンというのは、よい大学を出て、就職活動に勝ち抜いて、そのなかで優秀な人間のみが制作のトップになる。超エリートです。そのエリートに選ばれ続けてずっと仕事がある作家さんは、もれなく優秀です。

まだまだ未熟ですが、いまのところ、僕の放送作家としての特性は、YouTubeに詳しいことと芸人に詳しいことで、キャラ立ちしている点だと思います。

〝作家は実現性がなくても面白いアイデアをバンバン出してくれればいい〟という番組もあるけれど、僕は自分でチームを作って総合演出的に立ち回ることもあるので、実現性の高いことを考えますね。あとは、ボードゲームが好きなので、なるべくシンプルなルールや仕掛けで面白くなることを考えるのが好きです。

現場では芸人さんに対して、カンペを出す場面もあります。なるべく常軌を逸した展開にしたいので「大声で叫んで！」「ハイテンションで！」など無茶振りをします。振られたほうも自発的には展開を崩しにくかったりしますが、カンペで振られたからしょうがないという言い訳もできます。

以前、猫の背後にきゅうりを置くと驚いて飛び跳ねるという動画がネットでバズったのですが、僕が現場でやっているのは、その猫の背後にきゅうりをそっと置くような作業かもしれません。通常では起こらないことが見たい。なんらかの展開を起こすために仕掛けたい。

YouTube作家になるために大切なこと

いま芸能人がYouTubeを始めたいと思っても、よいスタッフを揃えてよいスタートを切る、という基本的なことができないことが凄く多いんです。

儲かるかどうかは別にして、いま「YouTubeサポートスタッフ」的な制作会社を立ち上げたら、仕事は山ほどあると思います。「YouTube作家」という仕事は、確実に増えていきます。

僕はテレビからのスタートでしたが、これからはエンタメを志す人がテレビを通らず、YouTube作家からスタートするケースも多くなるのではないでしょうか。

企画やアイデアに自信がないという人は、いまならば機材のことに詳しくなるという方法があります。見習いYouTube作家でも、〝自分一人いれば撮影ができますよ〟と、撮影と配信の機材一式を揃えておけば、ひとまずはどこでもいける。

ただ、YouTube作家としてその人をサポートしていくためには、その先にもっと大事なことがあります。

YouTubeチャンネルは「人」に紐づいています。その人が好きだから、みんなチャンネル登録をしている。そうなると、仮にはじめしゃちょーのYouTube作家として参加するとなったときに、はじめしゃちょーがこれまでやってきたことを知らないと、サポートはできませんよね。

その人のことを理解して、こういう文脈や歴史があるから、いまこれをやるといいんじゃないですか、とその人のストーリーに寄り添って企画を出して、作っていくことが必要です。

ゲームや実験のアイデアや、単発での面白そうな企画を作家が出すことはできますが、実際にはその人に最適化したリアリティのある企画を出さないと、ヒットを狙うことはできません。

だから、YouTubeで数多くの案件を抱えるのは限度があるとも感じています。僕も、数組の演者とは最後まで責任感をもってしっかり向き合えますが、10個のチャンネルを撮影から視聴者に届けるところまで、ちゃんと面白くしますとは言い切れない。キャパオーバーを見極めなければいけません。

サステナブルに「好きなことで、生きていく」

僕はこれまでずっとフリーランスで放送作家をやってきました。業界への足がかりをつくってくれた師匠である樋口卓治さんは、古舘プロジェクトという放送作家の大手事務所のひとつに在籍しています。

育ててもらったのでその事務所に入るのが普通なのですが、樋口さんは入らなくてもいいと選択権をくれました。なんとなく、事務所が向いていないだろうと思い、僕は入りませんでした。事務所に入れば、先輩から仕事に誘ってもらったり、事務所単位で引き受けたプロジェクトに参加できたりします。

一緒に『学生HEROES!』をやっていた同期には、いまも古舘プロジェクトで頑張っている人もいるし、辞めてしまった人もいます。僕が入らなかったのは、高校時代に感じた「縦が苦手」ということが大きいと感じています。

20歳代前半のころ、衝撃映像の特番をやりました。若手作家が大量に駆り出されて、リサーチをやることになったのですが、その演出の人がとても偉そうで、よい会議ではなかった。楽しさが見出せず、その番組がレギュラーになるというときに僕は断りました。まわりの同世代がリサーチを頑張ってくらいついているなかで、レギュラー番組の誘いを断るのは勇気がいりました。

でも、1回やってみて、テンションが上がらなければ仕方がない。フリーなんだし、別に断っちゃダメっていうことはない。ただ、それは茨の道でもあるわけです。

「好きなことで、生きていく」というYouTubeの有名なキャッチコピーもありますが、それは決して楽ということではありません。YouTuberも弱肉強食。僕が目指すのは、サステナブル（持続可能）にやっていくことです。

自分のテンションが上がる仕事、この人とやりたいと思える仕事をつなげていく。実際、無理をしてドロップアウトしていった仲間を何人も見てきたので、モチベーションを維持して楽しんでやれる環境に潜り込むこと。

僕の場合だったらお笑いの要素が強い番組や企画に積極的に取り組んでいったほうが充実感もあるし、結果も出やすいと自覚しています。

『バイキング』を1ヶ月でクビになった

放送作家にとって「失敗」とはなにか。会議に提出したネタがスベったり、担当した番組がすぐに終わってしまったりなど、様々です。

僕にも、これまで放送作家をやってきたなかで、忘れられない失敗があります。『バイキング』が始まって2年目のときに、作家として参加することになったのですが、当時はいまのワイドショー路線とは違い、主婦に向けた『ヒルナンデス』と正面対決するような方向性で模索していた時期でした。

自分なりに考えて、「おにぎらず」や「百均グッズ」なんかの企画を出していたのですが、まったく通らなくて、1ヵ月でプロデューサーからクビを通告されました。

番組のリニューアルでスタッフをまるまる一新するようなことはたまにありますが、放送作家が一人だけクビになるというのは明らかな実力不足。僕の経験でもこのときだけです。

番組に呼んでくれた方には申し訳ないけれど、まったく活躍できなかった。当時の『バイキング』は、僕よりひとまわり上の世代の先輩や、視聴者と近い年代の女性の作家さんが活躍していて、さすがにここで25歳の自分は戦えないなと思った。と同時に、諦めもついたんです。

放送作家も高齢化しているし、日本の人口グラフも高齢化している。だからその感覚が共有できる世代の先輩が実用的な企画を考えたほうが、ネタも通るし視聴率がとれるのは当然だ。「タメになる」の分野では勝てないから、戦わないようにしようと。

僕の性格からしても、自分が家に帰っても視聴者として見たいものを作っていったほうがいいなと思いました。僕が好きなお笑いにだんだん特化していくようになったきっかけの出来事です。

「好きなことで、生きていく」ためのチーム作り

僕はビジネス上手ではありません。儲からなくてもテンションが上がったらやってしまう、面白そうだったらやりたくなります。

もちろん、楽しいことだけを考えてやり続けることは、簡単なことではありません。でも、なるべくならそうしたい。だから、「好きなことで、生きていく」を実現するために仲間を常に集めています。

先日も、noteでスタッフ募集をかけました。２００人以上の人が連絡をくれて、そのなかから作家志望の子には、課題としてパーティーゲームの案を5つと、プロフィールを提出してもらった。そのうち30人くらいに会って、いま7人に仕事を手伝ってもらっています。全員、僕よりも若くて、〝時間だけはあります〟という人たちでしたが、どんどん実力をつけて忙しくなってしまいました。

ただただセンスがあるような人も仲間に入れたいのですが、チームなのでコミュニケーション能力も必須です。チーム全体を見渡してポジションを見つけたり、リクエストに対してカンよく動いたりできるかどうかなどを重視しています。

カンがいいというのは、たとえば、文字情報と写真素材を渡して、「これで告知の一枚画像を作ってください」と頼んだときに、直しが少なく上げてくれる人。

デザインだとトーン&マナーはわかりやすいけど、作家志望なら台本を書いてもらうときに、この芸人さんはこういうことは言わないとかを、説明しなくてもわかっている人だったり、入れないといけない情報がしっかり入っていたりとか、そういうカンですね。

僕は後輩に対して、お手本を指し示したあとは、みんな実践のなかで学んでいってもらいます。あくまでお互いフリーランスとしてチームを組んで、仕事を一緒にやりたいという考えでやっているので、自分で勝手に考えてやってくれるのがありがたい。ルパン三世や麦わらの一味のように、それぞれが専門のプロフェッショナルの素養をもっていてほしい。

他にも映像の編集をしてくれる仲間がまわりに20人くらいいて、YouTubeや配信など、何か新しいプロジェクトをやろうと思ったら、すぐにできるような環境が整ってきています。

3月に「みんなのかが屋 無観客お笑いライブ」を企画したときも、それぞれが持ち場で考えて簡単に実行できるようになっていました。

今年に入って、スポンサーを探してくれるプロデューサーの仲間もできて、お金を集めてくるのも、得意な人にお願いできるようになりました。

仕事では、なるべくひとつでも新しい要素を入れたり、誰もやってないチャレンジをしたりしたいと常に思っています。だから、立ち上げてうまく行っているものは勝手に回るようにして、自分は次のことを考えられるのがベスト。

楽しいことをやり続けるために、なるべくアウトソーシングで持続していけるシステム、チーム編成を構築しようと試行錯誤しているところです。

フットワーク軽くどこでも行くのがリスクヘッジ

ドイツで生まれた『カタン』という名作ボードゲームを知っていますか？　カタン島という無人島を舞台に、対戦相手と島の開拓競争をするゲームなのですが、僕はよくその勝ち方で人生を考えます。

どこにどれだけの資源を投下すればリターンが大きいかに悩み、ときに競争相手と協力関係を築いてみたり。ルールがちょっと複雑なんですが「実力」「運」「交渉」という3つの要素がゲームを面白くします。

アプリもあります

人生に置き換えると、今どこで誰と何をどれくらいのコストをかけたら、最大の楽しさ、結果、キャリアを得られるか？　ということ。

そう考えると、フリーランスという働き方は、自分の性に合っています。会社員経験はないのですが、バイトの皿洗いでも「時給が変わらないんだから、ゆっくり洗おう」とサボってしまっていたから。

テレビ局員や制作会社に入ろうと思わなかったのも、もし運よく入れたとしても、「営業」や「コンテンツビジネス」など違う部署に入る可能性があるから。制作に行けなかったら、やりたいことができない。

さらに、自分が楽しいと思わない番組でも、担当を命じられたらやらなければならない。そうなったら絶対にサボってしまう自信があります。仕事だからと割り切ってきちんとできる人を、素直に凄いと思っています。

テレビ局のディレクターから、よく「YouTube儲かるんでしょ？」「いいなぁ」と聞かれるので「当たる可能性ありますよ！」「やったほうがいいですよ」と言うんですけど、やはり飛び込むのは怖い。それはある意味、いくら儲かってもフリーは不安定で怖いということなんだと思います。

僕は逆に、やりたいことができない可能性が怖いと思ってしまう。テレビが一強だった時代とは違い、いろんな場所にフットワーク軽くブンブン行けることはリスクヘッジになると思うんです。

ライブ活動に全振りしていて、新型コロナウイルスの影響で収入がゼロになってしまったという芸人さんもたくさんいました。ひとつに体重をかけすぎると、ルールの変更や社会情勢の影響でそれが一切ダメになったときのリスクが大きすぎる。仲間の芸人さんたちも、ライブや営業が無理ならYouTubeをやろう、noteで届けようと、活動の場所を広げている最中です。

放送作家を始めたばかりの頃、先輩作家のデーブ八坂さんから「20代のうちは仕事を選り好みしないでなんでもやったほうがいい」と言われました。自分は何が得意なのか、不得意なのか、なんてまだわからないんだし、一度やってみてそれがうまくいかなかったら、それだけでも発見だと。

僕はその教えを守って、テレビだけじゃなく、ネットテレビも、YouTubeも、雑誌の仕事も節操なくなんでもやりました。「誰が言うてんねん」という感じですが、an・

ａｎで恋愛コラムを書いたりもしました。

最近はあまり書く仕事をやれていないけれど、『週刊ＳＰＡ！』や『週刊プレイボーイ』では、YouTube作家としてインタビューを受けています。YouTube作家という枠で名前が出る人は、まだ実は数えるほどしかいなくて、そういう肩書きができて依頼が来るのは嬉しい。記事を見た人から仕事が来ることもあるし、肩書きがいろんなところに連れて行ってくれます。

数年前は、テレビ現場で「AbemaTV」というあだ名で呼ばれていましたが、最近は「おい、YouTube！」って呼ばれています（笑）。でも、そういう新しいうねりを生み出しそうなところで挑戦していきたい。メディアが成長したり、変わったりしていくさまが面白いんです。

ロンブー淳さんとのシリコンバレー旅行

最後に、僕の仕事観をより強固にした、とても大切な思い出を話します。

２０１６年頃、ロンドンブーツ1号2号の田村淳さんのお仕事をよく手伝っていました。淳さんは、プラットフォームにこだわらず、ツイキャスやLINELIVE、ABEMAなど、その場所その場所でできることをいち早く考えてやってきた方です。

ある日、淳さんと会議をしていたら「今度、シリコンバレーに行っていろんなところ回るんだけど、ときおちゃん空いてる？」と言われました。

Apple創業ガレージにて

「空いてます！」と即答したものの、本当は仕事をたくさん抱えていた時期でした。どんな言い訳をしたかは忘れたけれど、すべての仕事を休んで4日間、淳さんとシリコンバレーに行くことになりました。

このとき僕は、信じられないような体験をたくさんしました。淳さんのお知り合いの方が現地ですべてコーディネートをしてくれたんですが、Facebook、Google、Apple、「ポケモンGO」や「Ingress」で知られるNianticの本社を見学することができたんです。

Facebookは、会社の敷地がテーマパークのようなひとつの街になっていて、ゲームセンターやバスケットコートがあって、無料でピザも食べられる。映画『ソーシャル・ネットワーク』で見た、大学生のマーク・ザッカーバーグから、こんな世界が誕生しているのかと思うと震えました。

日本の働き方とは、あまりにも違いすぎました。スキあらばバスケしようぜと誘ってくるので、実際にそこの人たちが働いてるところは見ていないんです。世界中の天才が集まって、やることはやりながら遊んでいる。

企業への就職を考えたことはなかったのですが、初めて〝ここで働いてみたい〟という気持ちになりました。だからいまも、英語を少しずつ勉強しています。シリコンバレーで働くことのハードルが、どれぐらいの高さなのかはわかっていないのですが……。

スティーブ・ジョブズが一番最初にマッキントッシュを作ったというガレージにも連れていっていただきました。うちは、父親がApple信者で自宅もずっとマック。２００８年の高校3年生からiPodを使っています。ジョブズの哲学にはとても影響を受けています。

iPodにまつわるエピソードで好きなものがあります。

ジョブズがとにかくiPodを小さくしろと指示を出して、技術者が「これ以上小さくできません」と作り上げてきた。それをジョブズが水槽の中に投げ入れたところ、プクンと泡が浮き上がる。ジョブスは「この空気の分だけ小さくできるはずだ」と言って、iPodを技術者に戻したそうです。このようなクリエイターとしての熱量を感じる伝説的なエピソードにもかなり影響を受けてきました。

シリコンバレーでは、いまも至るところで新しいサービスを生み出すための実験が行われています。シリコンバレーにいる人たちは、みんな何らかの目的があってやって来ている。だから新しく越してきた人に、「どうして引っ越してきたの？」とは誰も聞

「ジョブズの話じゃない」という説もありますが……信じてます

かない。初めましての挨拶で「君は、どうやって世界を変えるためにここに来たの?」と聞くそうです。

ジョブズはかつて「宇宙に衝撃を与えたい」と言いました。シリコンバレーで世の中を変える。こういった強いマインドがその住人のベースにあることを聞き、僕はとてつもない衝撃を受けました。


シリコンバレーで何年もかけて作り上げたサービスが「もうすぐできそう」という段階になったとき、まったく別なところから似たようなサービスがポンと出る可能性もある。人生をかけたプロジェクトが失敗するかもしれない不安はないのか気になって、自動運転のスタートアップで開発をするエンジニアに聞いてみました。

そしたら、「日向ぼっこするしかない」と、笑っていました。

シリコンバレーはとにかく天気がよいそうです。みんな、出口が見えないところをずっと走っているけれど、天気のよさでモチベーションを保っていると。凄い考え方ですよね。

世界に衝撃を与えるために人生を賭けて、日々没頭する人たちに出会えたことは、僕にとってかけがえのない経験でした。

いま考えると、淳さんはなんで僕を誘ってくれたのかと不思議に思います。きっと、まだ若くて連れて行きやすかっただけだと思いますが、僕にとっては大切な宝物になっています。

放送作家人生のひとつの夢として、世界中で見られる、時代を経ても愛されるコンテンツを作りたいと思っています。バラエティなのか、映画なのか、どんなフォーマットになるのかはわかりません。いろんな場所に越境しながら、サステナブルな仕事をする。このスタンスで挑戦し続けます。

あとがき

この本の原稿は、2020年7月13日に書き終えました。ですから、皆さんが読んでいる頃には、世の中はこの内容からガラッと変わっているかもしれません。それくらいエンタメ業界は大転換を迎えているし、新型コロナウイルスの影響は大きいのです。

原稿に着手しはじめた3月には、不要不急の外出自粛が要請され、テレビやYouTube、Netflixの視聴者数や視聴時間はどんどん増えていきました。僕の仕事も、ほとんどテレワークに。

家での孤独な生活を強いられてわかったのは、自己実現を越えて〝他者貢献〟ができると、コンテンツづくりはもっと楽しいということ。自分の才能や個性を生かして、他の人になにか感じてもらいたい。

これからも、霜降り明星やかが屋など、自分が面白いと思った才能を届けて、人を楽しませたいと思っています。出る人、見る人、作る人、三方よしのコンテンツがベストです。

そして、ラジオのハガキ職人が番組の面白さに参加できるように、YouTubeライブのコメントで配信を盛り上げられるように、多くの人がちょっとでも才能を発揮できる、インタラクティブなコミュニティをつくっていきたい。

僕にとって、初めて出版する本です。誰かの人生のヒントに、暇つぶしになっていれば嬉しい。大学時代からの友達である編集者の和田まおみに声をかけてもらって、20代のうちに本を出すという夢が叶いました。感謝。

年下の偉大すぎるチャンピオン・霜降り明星には、これ以上ない帯コメントをもらいました。今後、東京のコントを間違いなく引っ張っていくかが屋は、鼎談を受けてもらったうえに、僕の本が出ることを自分のことのように喜んでくれました。優しい。

サラリーマンのように編集部に毎日通い、それでも校了5時間前まで作業して、なんとか仕上げることができました。最後まで読んでいただき、ありがとうございました。

コンテンツ作りには、たくさんの人の力が必要です。この本を書いた目的のひとつに「スタッフ募集」があります。僕の仕事や考えていることを知って、一緒に働いてみたい、こんなことをしたいと声をかけてもらえたら嬉しいです。メールください。

tokiocpu@gmail.com

お笑い、映画、ドラマ、書籍など、僕がエンタメ好きになるきっかけとなった作品や、企画を考える時に参考にしたコンテンツを紹介します。メジャーなものからニッチなものまで、何も考えずに笑いたい時はもちろん、アイデア探しにも役立つはず。

お笑い・バラエティ

リチャードホール

2004～2005年／出演：くりぃむしちゅー、中川家、おぎやはぎ、劇団ひとりほか

「下衆ヤバ夫」「栗井ムネ男」「シャレ山紀信」など、ザキヤマさんの面白さが爆発。「パンダP」「尾藤武」など、その芸人さんに合った、輝くキャラクターが数多く誕生しています。

バカリズムライブ「なにかとなにか」

2014年／作・演出・出演：バカリズム

「女子と女子」というコントが好きです。女子会で盛り上がる人を悪意たっぷりに切り取り、一人で複数人を演じながら、どんどんヒートアップしていきます。アイデア、脚本、演技力どれをとっても凄すぎるライブ。

6人の放送作家と1人の千原ジュニア

2006年／企画・構成・演出：高須光聖、都築浩、樋口卓治、中野俊成、宮藤官九郎、鈴木おさむ／出演：千原ジュニア

放送作家6人が「千原ジュニア」を使った企画を一人1本作り、計6本をジュニアさんが演じるライブ。これを見たら、2016年に行われた「6人のテレビ局員と1人の千原ジュニア」もぜひ。テレビ局員と作家の違いが感じられて面白いです。

バナナマン傑作選ライブ BANANAMAN KICK

2008年／出演：バナナマン

「ルスデン」「宮沢さんとメシ」などバナナマンさんの名作コントが入っている。他のコントと全然違うけど、なんなんだこの面白さは！とハマっていった最初の一枚でした。

mr.モーション・ピクチャー

2005年／出演：吹越満

俳優でコメディアンの吹越満さんのソロライブ。映像を多用した実験的なライブは、演劇なのか、コントなのか……？ 笑いとアートが融合していて、いま見ても新しい。

千鳥の白いピアノを山の頂上に運ぶDVD

2011年／出演：千鳥

千鳥さん初のDVD。タイトルの通り、白いピアノを探して山の上に運ぶというだけの映像です。テーマが異常なのに面白い！撮れ高がエグすぎます。

Potsunen

2005年～／出演、脚本、演出、美術：小林賢太郎

ラーメンズ・小林賢太郎さんのソロコントプロジェクト。言葉遊びやプロジェクターの使い方が独特で、他に誰もやっていないようなパフォーマンスばかり。アイデアの宝庫です。

内村プロデュース

2000～2005年／出演：内村光良、さまぁ～ず、ふかわりょうほか

「お笑い修学旅行」などの大喜利合戦は必見。特にさまぁ～ずさんの波状攻撃は神がかっています。視聴者の時は何も考えず楽しんでいましたが、制作側になって、こんなに毎週面白く出来るのは奇跡的なことだとわかりました。

HITOSI MATUMOTO VISUALBUM "完成"

2003年／作・構成・主演：松本人志

「ミュージシャンがアルバムを出すようにコント作品をリリースしたい」というコンセプトがかっこ良すぎます。「システムキッチン」「いきなりダイヤモンド」が好きです。

プロペラを止めた、僕の声を聞くために。

2003年／出演：千原ジュニア、千原せいじ、渡辺鐘

浅い人間の感想みたいになりますが、「深い……深すぎる……」と唸るコントばかり。強烈なインパクトがあるのは「ダンボ君」。怖すぎて笑えます。ダンボ君の表情に注目しましょう。

ライヴ!!君の席

出演：バナナマン、おぎやはぎ、ラーメンズ

このDVDに収録されている「病院」は、ユニットで行われるコントの最高傑作だと思っています。演者全員の魅力も出ているし、脚本が美しい。

ゲーム

1997年／監督：デヴィット・フィンチャー

「CRS」という会社が提供する謎の「ゲーム」に参加する主人公。最後の最後まで、ゲームなのか？リアルなのか？どこまで計算されているのか？と翻弄される。ドキドキできてオチもバシッと決まっている名作です。

未来世紀ブラジル

1985年／監督・脚本：テリー・ギリアム

『モンティ・パイソン』のテリー・ギリアムが監督を務める、ブラックユーモアに溢れたSF映画の名作。『ブレードランナー』はディストピアをリアルに描きましたが、この作品はファンタジーにデフォルメしています。世界観、ビジュアルのオリジナリティが凄い。

運命じゃない人

2004年／監督・脚本：内田けんじ

5人の男女の群像劇。僕が見たなかで、最も綿密に脚本が練られている邦画。これほど伏線回収がずっと気持ちよく続く作品はありません。

メメント

2001年／監督・脚本：クリストファー・ノーラン

記憶が10分間しか保てない男が、妻を殺害した犯人を探し出す。記憶と記録の間で揺れながら時間軸が交差する。Twitterがある時代に公開されていたら、考察のツイートで盛り上がったはずです。

ジャッカス・ザ・ムービー

2002年／監督・プロデューサー：ジェフ・トレメイン／プロデューサー：ジョニー・ノックスビル、スパイク・ジョーンズ

自分の体や命のことをなんとも思ってない。テンションが上がったり、仲間を笑わせるためならなんでもする。こんな気合いの入った人たちが世界にはいるのかと思うと、嫌なことも忘れられます。

トゥルーマン・ショー

1998年／監督：ピーター・ウィアー／主演：ジム・キャリー

この映画を知っているかどうかで、リアリティ番組のとらえ方が違ってきそうです。企画会議の中で、例題として出てくる映画ベスト3に入るかもしれません。

ハイパーハードボイルドグルメリポート

2017年～／演出：カミデ（上出遼平）／出演：小籔千豊／制作：テレビ東京

よく死なずに日本に帰ってきているな……と思うような場所にしかロケに行っていません。カミデDのタフさには圧倒されるばかり。

あいのり：Asian Journey

2017年～／出演：ベッキーほか／制作：FOD、Netflix

シーズン1に出てくる女性のでっぱりんの破天荒ぶりは必見。あんなにナイスなキャラクターはそうそう見つからない。

プロジェクト・ランウェイ

2004年～／制作：Bravo

ファッションデザイナーの卵たちが、デザインで勝負していくリアリティショー。審査員たちの酷評コメント、辛辣なダメ出しが見どころです。

テクネ 映像の教科書

2013年／制作：NHKテクネ制作班

クリエイターたちがお題に対して映像を制作するEテレの番組。古今東西の名作、珠玉のアイデアの方法論が学べます。

映画

マルコヴィッチの穴

1999年／監督：スパイク・ジョーンズ／脚本：チャーリー・カウフマン

主人公が、映画俳優のジョン・マルコヴィッチの頭の中につながる穴を見つける。そこに入ると誰でも15分間マルコヴィッチになることができる……という不思議な映画。脚本力ナンバーワンだと思っています。

ブレードランナー

1982年／監督：リドリー・スコット／原案：フィリップ・K・ディック

人間と機械の境目が曖昧になるほど進歩し、退廃的・無国籍で人口過密の近未来大都市を描き、サイバーパンクのビジュアルを決定づけた作品。脚本、演技、ビジュアル、音楽、全てにおいて最高。本作から30年後を舞台にした『ブレードランナー2049』も最高。

HITOSHI MATSUMOTO presents ドキュメンタル

2016年～／企画・プロデュース・出演：松本人志

この笑いの総合格闘技で勝てる芸人こそが"芸人オブ芸人"といえるくらい、真剣勝負が行われる場所。海外にもフォーマット販売されている素晴らしい企画で、特にシーズン5がオススメです。

全日本コール選手権

2005、2007、2008年／企画構成：Bacon（岡宗秀吾、堀雅人、宍倉昭宏、竹村武司）／出演：全国有名大学サークルほか

大学サークルの飲み会の席で行われる「一気コール」を競い合う大会。見る人、作る人、出る人、全員アホだと思います。高校生の時にこの作品と出会って、大学って怖いところだなと震えました。

サマータイムマシン・ブルース

2001年／脚本・演出：上田誠／制作：ヨーロッパ企画

過去を変えると未来が変わる。これを演劇で、舞台上の1セットという制限の中、展開させていく脚本が秀逸です。

GERA

―――

若手芸人のラジオが聴けるアプリです。音声メディアがたくさんリリースされているなかでも目立っている媒体で、特に「ママタルト」「ラランド」は必聴。

東京ポッド許可局

2013年～（自主制作では2008年～）／出演：マキタスポーツ・プチ鹿島・サンキュータツオ

「プロレス」「落語」「音楽」好きのおじさん3人が、膨大な知識をベースに、時代の行間を読んでいく。見過ごしてしまう日常の中の違和感を切り取るのがうますぎます。

We Love Television?

2017年／監督：土屋敏男／出演：萩本欽一、田中美佐子、河本準一

萩本欽一さんが考えるテレビ論にはたくさん影響を受けています。ヒントと金言がギッシリと詰まったドキュメンタリー。

サニー 永遠の仲間たち

2011年／監督・脚本：カン・ヒンチョル

女性主人公の青春映画で一番好きです。年を取ってから見たら、さらに良い作品だと思えるでしょう。マイルドヤンキーで地元意識が強い人ほど楽しめるはずです。

パラサイト 半地下の家族

2019年／監督：ポン・ジュノ、主演：ソン・ガンホ

アカデミー賞とパルムドールを同時受賞するような、世紀の大傑作を見逃してはいけません。映画が良すぎて、作中に出てくるチャパグリばっかり食べて余韻に浸っていました。

クローバーフィールド／HAKAISHA

2008年／監督：マット・リーヴス／製作：J・J・エイブラムス、ブライアン・バーク

手持ちのカメラの主観ショットでNYの街が壊れていくリアリティ。こんなに臨場感のあるパニック映画はありません。

マッチポイント

2005年／監督・脚本：ウディ・アレン

タイトルのマッチポイントが、こういう風に使われるのかと、見終わったあとうっとりとしてしまいます。スカーレット・ヨハンソンの魅力もえぐいです。

アニメ・アニメ映画

パプリカ

2006年／監督・脚本：今敏／制作：マッドハウス

夢に入り込み夢を犯すテロリストに立ち向かうという設定がすごい。『インセプション』のノーラン監督も影響を受けたと言います。

マインド・ゲーム

2004年／監督・脚本：湯浅政明／企画・制作：STUDIO 4℃

本作を見てからずっと湯浅政明作品を追いかけています。躍動感溢れるアニメーション、カラフルな色彩、コラージュするアイデア……脱帽です。

ブリグズビー・ベア

2017年／監督：デイヴ・マッカリー／原案・主演：カイル・ムーニー

なんの事前知識も持たずに見るのが面白いと思います！

ハングオーバー！

2009年／監督：トッド・フィリップス

独身最後の夜に男4人で飲みまくる。翌日目を覚ましたら花婿がいない。ヒントを探して記憶を取り戻していくのですが、展開の大喜利がいちいち面白い。

ユージュアル・サスペクツ

1995年／監督：ブライアン・シンガー／脚本：クリストファー・マッカリー

こんなにも見終わった時に「やられた！」と思う映画はありません。気持ち良すぎます。

バタフライ・エフェクト

2004年／監督・脚本：エリック・ブレス／主演：アシュトン・カッチャー

"一匹の蝶が羽ばたいた結果、地球の裏側で竜巻が起きる"というカオス理論を元にした映画。愛する人を悲しい出来事から守るため、主人公が過去を変えるのですが「なんでそうなるの？」とため息をつきながらハラハラします。

インセプション

2010年／監督・脚本・製作：クリストファー・ノーラン

「人が夢を見ている間に潜在意識に潜り込んでアイデアを盗むスパイ」という設定が秀逸。あるアイテムが鍵となるのですが、それのおかげでこの作品が永遠に語れるし、考察できるようになっていて素晴らしいです。

恋の渦

2013年／監督：大根仁／脚本・原作：三浦大輔

いわゆるDQNと呼ばれる男女9人の恋愛群像劇。マイルドヤンキーの同級生たちは、これくらいダメでゲスい恋愛を展開していたので、とてもリアリティを感じた作品です。

シャイニング

1980年／製作・脚本・監督：スタンリー・キューブリック／原作：スティーヴン・キング

キューブリックはもれなく全部見てほしいのですが、どの映画も美しすぎる。彼の完璧主義ぶりゆえに、どこで停止ボタンを押してもポスターにできるほどかっこいい。この作品は、特に一点透視図法がわかりやすくて綺麗です。

レディ・プレイヤー１

2018年／監督・製作：スティーヴン・スピルバーグ

早くこの映画の住人のように、頭にプラグを差し込んで、電脳の世界でゲームをしたいです。『シャイニング』や『ガンダム』など世界の名作のエッセンスが散りばめられていて、スピルバーグのエンタメ愛を感じますね。

マッドマックス 怒りのデス・ロード

2015年／製作・脚本・監督：ジョージ・ミラー

砂漠を爆走するアクション映画。表層的には、ある場所に行き、元いた場所に戻るだけに見えるけれど、様々な見立てが出来て、ジェンダーの規範についても考えさせられる、深さのある作品。

ファニーゲーム

1997年／監督・脚本：ミヒャエル・ハネケ

「映画の中でこんなことをしていいんだ」というような、他では見たことがない演出が散りばめられています。「二度と見たくない」という感想も多いので心してください。

パリ、テキサス

1984年／監督：ヴィム・ヴェンダース

カンヌ国際映画祭のパルムドール作品。ロードムービーの最高傑作ですね。クライマックスのシーンがあまりにも美しく、たどり着いた結末はあまりにも切ない。

アバウト・タイム ～愛おしい時間について～

2013年／監督・脚本：リチャード・カーティス

タイムトラベルを使えるけど、ダイナミックに世界を変えたりせず、恋人や家族など、小さい世界でより良い人生を目指して翻弄する。そこが愛おしいです。

ツイン・ピークス

1990年～1991年／監督：デイヴィッド・リンチ、制作：ABC

ずっとけだるい感じでドラマが展開していて、これを見ている間は自分もツインピークスのけだるさに引っ張られてしまいます。そして、クライマックスに背筋が凍ります。忘れられない体験です。

LOST

2004年～2010年／監督：J・J・エイブラムス／制作：ABC

全121話あるので、絶望的に暇な人しか見られないと思います。中だるみや、どうなってんねんとツッコミたくなるところは山ほどあれど、伏線やストーリーが同時進行する「多様性展開」が好きな方は抜け出せなくなります。

池袋ウエストゲートパーク

2000年／原作：石田衣良／脚本：宮藤官九郎／演出(チーフ)：堤幸彦／制作：TBSテレビ

このドラマが放送されていた時期に、マコトやキングと同い年だったら間違いなく不良になっていました。危ないところです。

書籍・マンガ

陰日向に咲く

2006年／劇団ひとり

本で読むからこそ面白い仕掛けがあります。全体の構成に「うまいな～、うますぎるな～」と唸ってしまう。

風の谷のナウシカ

1982～1994年／宮崎駿

映画では、漫画の2冊分くらいしか描かれていません。全7巻なのですが、映画ファンが読んだらびっくりするほど、ナウシカたちは重層的な世界に生きています。しんどすぎる世界ですが、ナウシカはいつも清く強くて尊敬します。

国境の南、太陽の西

1992年／村上春樹

人生で最も読んでいる小説家は村上春樹さん。その中でもこの作品が一番好きです。まるで自分の記憶のなかにあるかのように、ありありと目に浮かぶ素敵な比喩表現が目白押しです。

ブラック・ミラー

2011年～／原案・製作総指揮：チャーリー・ブルッカー／制作：Netflix（シーズン3～）

急速に発達したテクノロジーがもたらす社会変化と人の闇を描いた、風刺的なSFドラマ。視聴者の選択によってストーリーが変わる、映画版の『バンダースナッチ』がオススメです。

ストレンジャー・シングス 未知の世界

2016年～／監督・脚本：ザ・ダファー・ブラザーズ／制作：Netflix

『E.T.』『SUPER8』など1980年代アメリカを描いたような作品はもれなく好きです。その最新にして最強にアップデートされた作品。

シャーロック

2010年～2017年／主演：ベネディクト・カンバーバッチ、制作：BBC

21世紀のイギリスが舞台。ドイルの原作をこれ以上ないほど見事に現代にアップデートしています。カンバーバッチが演じるホームズは、ホームズっぽくないけれど魅力的。

ペーパー・ハウス

2017年～／制作：Antena 3（シーズン1、2）、Netflix（シーズン3～）

「オーシャンズ11」のように、作戦がバチっとハマる作品が好き。『ペーパーハウス』は、作戦とスペイン人の情熱的な人間関係に特化しているのが面白さの秘訣。まさかシーズンまるまる銀行強盗だけで持たせるなんて、イカツすぎます。

クリミナル・マインド FBI行動分析課

2005年～／制作：CBS、ABC

高校生の時にこの作品に出会ってから、日本のドラマを見る時間があったらクリミナルマインドを1回でも多く見た方がいいと思ってしまうほどのめり込みました。スペンサーリードくらい頭が良くなりたいですね。

ケイゾク

1999年／メイン演出：堤幸彦／制作：TBSテレビ

堤幸彦さんの映像演出が好きです。カメラワークとカット割り、効果音など様々な手法が取り入れられていて革新的です。

うる星やつら2 ビューティフル・ドリーマー

1984年／監督：押井守、原作：高橋留美子

『うる星やつら』を知らなくても楽しめる、ループものアニメの元祖的大傑作。押井作品の中で一番好きです。

四畳半神話大系

2010年／監督：湯浅政明／原作：森見登美彦／制作：マッドハウス

原作ファンでもありますが、アニメの絵も声も音楽も最高です。10パターンの並行世界を描きながら、最終回が見事過ぎるまとめ方。

ミッドナイトゴスペル

2020年／監督：ペンデルトン・ウォード／制作：Netflix

フワちゃんが「見る抗うつ剤」なら、この作品は「見る幻覚剤」。ふざける時はこれくらいお客さんを置いていきたいよなあと、その潔さに惹かれます。

トムとジェリー

1940年／監督：ウィリアム・ハンナ、ジョセフ・バーベラ

言葉がほとんどなく、音とアニメーションの融合で面白くなっているからこそ、世界中で愛されている。ノンバーバル作品にも挑戦してみたいです

STEINS;GATE

2011年／制作：WHITE FOX

深夜系のアニメにはあまり手を出していないという人も、これだけは見てください。タイムトラベルものの最高傑作です。

ドラマ

THE3名様

2005～2009年／脚本・監督：福田雄一／原作：石原まこちん

3人の男がファミレスでダベってるだけなんですが、それが延々と見てられる。ほとんど何も起きないけど、覗き見していて楽しい作品に憧れます。

天職

2013年／秋元康、鈴木おさむ

秋元康さんと鈴木おさむさんという、まだまだ現役でトップを走り続ける放送作家の二人の対談。僕が体験していることが、いかにスケールの小さいことか。へこむくらい次元が違う。

ラインマーカーズ：The Best Of Homura Hiroshi

2003年／穂村弘

いま短歌に触れている若者は、全員穂村弘さんの影響下にあると思います。それくらい短歌を変えてしまいました。エッセイ、短編、批評、どれもおすすめです。

カキフライが無いなら来なかった

2013年／せきしろ、又吉直樹

自由律俳句というものに出会うきっかけとなった本。大喜利のようだけど違う……。短歌でもない……。自由律俳句でしか出せないユーモアがあります。

ギャグマンガ日和

2000～2015年／増田こうすけ

歴史上の偉人のギャグマンガが好きです。一話完結のものが多いのですが、ここまで様々なタイプのギャグを考えられる引き出しの数がえげつない。

動画

The UPDATE

2019年～／NewsPicks

「バラエティ番組は生き残れるのか？」「オンライン教育は日本を救うのか？」など、テーマと人選に間違いがない。"いま最もイケてる"討論番組です。

Primitive Technology

2015年～／John Plant

ジャングルにあるもので生活ができるのか挑戦しているオーストラリアのYouTuber。様々な道具や設備を手作りしていく様子は、永遠に見ていられるほど。

人生は、運よりも実力よりも「勘違いさせる力」で決まっている

2018年／ふろむだ

あの仕事をやっているから、あの会社に入っているからすごいひとなんだ。これは「錯覚資産」です。これをいかに上手に使っていくかが出世のカギです。

54文字の物語

2018年／氏田雄介

企画作家の氏田雄介さんが考えたショートショートのフォーマット。54文字なら、ちょっと頑張ったら書けるかも……と思える素敵な企画です。

スティーブ・ジョブズ I

2011年／ウォルター・アイザックソン、井口耕二（訳）

これまで自分の人生で体験してきた点と点をいかに線に結んでいくか。ジョブズの伝記を読んでいくと、いかにして点を繋げて世界に衝撃を与えていくか楽しめます。

動画の世紀 The STORY MAKERS

2020年／明石ガクト

明石さんの動画に対する考え方やビジネスの仕方を、動画・映像業界の人は常にキャッチしたほうが良いです。動画2.0も名著です。

横井軍平ゲーム館：「世界の任天堂」を築いた発想力。

1997年／横井軍平、牧野武文

枯れた技術を別の使い方をして、まったく新しい価値を作り上げる。任天堂に今でも流れるイズムを知ることができます。

「ない仕事」の作り方

2015年／みうらじゅん

いまの時代、いろんなプラットフォームができたおかげで、"ない仕事"を作りやすくなりました。それをずっと前からやってきた方……偉大過ぎます。

ノックの音が

1972年／星新一

収録されている15のショートショート全ての書き出しが「ノックの音がした」から始まる。美しい。本は全部持ってます。真鍋博さんのイラストも最高。

Toiletpaper magazine

2010年～／マウリツィオ・カテラン、ピエルパオロ・フェラーリ、ミコール・タルソ

イタリアのアーティストが発行している他では見たことがない奇抜なアートマガジン。こんなめくってるだけでトリップできる、ハイクオリティの写真集をいつか出してみたいです。

きりのなかのサーカス

1968年／ブルーノ・ムナーリ

子供の頃から大量に絵本を読んできたのですが、ブルーノムナーリを見つけた時に「異次元の面白さだな」と思いました。唯一無二の世界観と仕掛けがあります。

夏服を着た女たち

1979年／アーウィン・ショー

アメリカの週刊誌『ニューヨーカー』に載っているような、洒脱な短編が好きです。中でもアーウィンショーはずば抜けてしゃれている。日本人にはとても到達できないのではと思ってしまう上品さがあります。憧れる……。

ねにもつタイプ

2007年／岸本佐知子

1話目のエッセイ「ニグのこと」を読んだとき、こんなボケ方をしているエッセイは見たことがないと衝撃を受けました。この文章に導かれ、ずっと遠くまで連れて行かれてしまいそうな作品です。

一億総ツッコミ時代

2012年／槙田雄司（マキタスポーツ）

正論が強く、ネットリンチに追い込むような今の空気感を見事に捉えている一冊。いかにボケていくか、考えさせられます。

レジスタンス：アヴァロン
2013年／インディーB&C(アメリカ)

人狼タイプのゲームで、司会がいらずに脱落者も出ず最後まで楽しめる最高のシステムを構築している作品。人狼くらい流行って、みんなに標準で知っていてほしいです。

逆転裁判1
2001年／カプコン

集めた証拠品や証言の中から、矛盾を見つけ出す法廷バトルゲーム。自分で謎を解いている実感を生み出す、システムとストーリーが巧妙です。

メイド イン ワリオ
2003年／任天堂

一つ5秒程度でクリアできる、クセになる瞬間アクションミニゲームが200種類以上入っている。アイデアの宝庫。枯れた技術の水平思考。

マリオパーティ3
2000年／ハドソン、シーエイプロダクション、任天堂

ミニゲームはシリーズを通して3が一番面白い。「ドッスンパズル」「キラーでねらえ！」が好きです。最近のマリパのミニゲームはとても簡単になっています……。

とっくんのYouTubeチャンネル
2018年〜／とっくん

ナルトに出てくる大蛇丸というキャラクターの声真似をしながら料理を作っていく、モノマネ×料理動画が人気。これに続いていろんなキャラクターのモノマネ料理動画が誕生しています。

【公式】星野源のオールナイトニッポン
2020年〜／星野源、ニッポン放送

ニッポン放送のラジオをYouTubeで同時生配信するという画期的な取り組みをしています。今後の新しいラジオの形が生まれそう。

ゲーム

カタン
1995年／コスモス(ドイツ)

他のボードゲームと違って交渉力が必要なので、強い人はもれなく仕事ができると思います。自粛期間以降は、アプリでプレイしています。

インサイダー
2016年／オインクゲームズ(日本)

オインクゲームズという、僕が一番好きで、信頼しているボードゲーム制作会社があります。多くのボードゲームはアホのプレイヤーが混ざると面白さが減るのですが、インサイダーは誰とでも楽しめるのも魅力の一つ。

宝石の煌き
2014年／スペース・カウボーイズ(フランス)

ボードゲームの面白さである"役"と"拡大再生産"の面白さに特化した名作。局面局面の「読み」が鍛えられます。

お邪魔者
2004年／アミーゴ(ドイツ)

金鉱掘りとお邪魔者にわかれて、金を奪い合う正体隠匿系ゲーム。7人くらいボドゲ好きの友達が集まらないとできないですが、かなり盛り上がります。

李子柒Liziqi
2017年〜／李子柒

中国四川省の山間で、伝統的な田舎のスローライフを届けるYouTuber。まるでジブリの世界のような、自然のなかの丁寧な中国の暮らしに感動します。

ディスカバリーチャンネル
2010年〜／ディスカバリー・ジャパン

木の幹を剥がして芋虫を食べたり、ヘビを素手で捕まえたり…。エドやベアなどの冒険家が常軌を逸した行動は必見です。

フェルミ研究所 FermiLab
2016年〜／永戸リョウほか

マンガ動画のパイオニア。絵、声優、編集のクオリティが高い。今の学生は授業中に先生に隠れてこの動画を見ているようです。

Mr.都市伝説 関暁夫の情熱が止まらない
2019年〜／関暁夫

これまで本に書いてきたネタをこすったりせずに、都市伝説YouTuberに対して謎を提供するストロングスタイルがかっこいいです。

Naokiman Show
2017年〜／ナオキマン

都市伝説YouTuberの中でも、ネタ選びのセンスが良く、語り口調と参考資料の見せ方がうまい。

in living.
2018年〜／ririka

今までYouTubeと相容れなかった「ていねいな暮らし」を、動画に落とし込んだ先駆者。

THE FIRST TAKE
2019年〜／THE FIRST TAKE

ミュージシャンが一発撮りで歌を歌うYouTubeチャンネル。「ここに出たい！」というブランド力をつけている新しい形なので注目です。

白武ときお

1990年、京都府生まれ。放送作家。担当番組は『ダウンタウンのガキの使いやあらへんで！』（日本テレビ）『霜降りミキXIT』（TBS）『霜降り明星のあてみなげ』（静岡朝日テレビ）『真空ジェシカのラジオ父ちゃん』（TBSラジオ）『かが屋の鶴の間』（RCCラジオ）。YouTubeでは「しもふりチューブ」「みんなのかが屋」「ジュニア小籔フットのYouTube」など、芸人チャンネルに多数参加

YouTube放送作家
お笑い第7世代の仕掛け術

発行日 2020年8月7日 初版第1刷発行

著者
白武ときお

発行者
久保田榮一

発行所
株式会社 扶桑社
〒105-8070
東京都港区芝浦1-1-1
浜松町ビルディング
電話 03-6368-8875（編集）
03-6368-8891（郵便室）
http://www.fusosha.co.jp

印刷・製本 中央精版印刷株式会社

構成 森野広明
編集 和田まおみ
装丁・デザイン 江森丈晃

ISBN 978-4-594-08554-4